AF250450

ABRÉGÉ
D'ARITHMÉTIQUE
DÉCIMALE.

ABRÉGÉ

D'ARITHMÉTIQUE

DÉCIMALE,

CONTENANT TOUTES LES OPÉRATIONS DU CALCUL,
DEPUIS L'ADDITION JUSQUES ET COMPRIS LES RÈGLES DE TROIS
ET LES OPÉRATIONS DE FRACTIONS,
AUQUEL ON A JOINT DES TABLEAUX DE COMPARAISON
DES MESURES ANCIENNES AVEC LES NOUVELLES.;

OUVRAGE MIS A LA PORTÉE DES JEUNES GENS,

A L'USAGE DES ÉCOLES PRIMAIRES.

———o———

Nouvelle Édition,

Augmentée d'un Précis historique sur les nouvelles Mesures, avec
un Vocabulaire étymologique des mots qui en composent la
nomenclature.

———o———

PARIS.

CHABERT ET Cie, ÉDITEURS,

Rue de Lille, n° 7.

———

1834.

PRÉFACE.

C'est en faveur des commençans qu'on a fait cet Abrégé d'Arithmétique décimale, et c'est pour leur en rendre l'usage plus facile qu'on le leur présente par demandes et par réponses : on a tâché dans cet Abrégé de réunir la clarté à la brièveté, et surtout d'éviter cette méthode dogmatique qui ne donne point aux commençans d'idées nouvelles, qu'ils ne peuvent saisir que lorsqu'ils les comparent avec celles qu'ils ont acquises dans le commerce ordinaire de la vie : les définitions essentielles s'y trouvent, avec une courte explication des méthodes qu'on propose pour faire les différentes opérations. On s'est borné à une seule méthode pour chaque espèce de règle, et il y a peu de questions sur chacune : il y en a assez cependant pour en enseigner la pratique relativement au commerce ordinaire et aux besoins des diverses professions.

Afin d'être plus utile à ceux qui n'auraient que peu de temps à consacrer à l'étude de l'Arithmétique, et qui voudraient se contenter du calcul des quatre premières règles en nombres simples et composés, des règles de trois et de quelques autres qui y ont rapport, on a renvoyé les fractions à la fin, et on s'est même peu étendu sur cet objet, parce qu'au moyen des définitions qu'on en donne, on peut se mettre en état de faire toutes les opérations avec fractions.

On espère qu'à l'aide des courtes définitions et explications données dans cet Abrégé, ceux qui voudront s'instruire plus à fond dans la science des calculs seront plus en état de le faire quand ils étudieront les ouvrages d'Arithmétique qui en traitent plus au long et d'une manière plus compliquée ; car ce n'est que par extension qu'on saisit des idées nouvelles en les rapportant toujours à des idées antérieurement acquises.

CHIFFRES ROMAINS.

I. V. X. L. C. D. M.

1. 5. 10. 50. 100. 500. 1000.

I.	1	XVI.	16
II.	2	XVII.	17
III.	3	XVIII.	18
IV.	4	XIX.	19
V.	5	XX.	20
VI.	6	XXX.	30
VII.	7	XL.	40
VIII.	8	LX.	60
IX.	9	LXXX.	80
X.	10	XC.	90
XI.	11	CX.	110
XII.	12	CC.	200
XIII.	13	DC.	600
XIV.	14	CM.	900
XV.	15	M.	1000

M. DCCC. XXXIV.

1834.

TABLE

Contenant le nom des Chiffres en caractères par lesquels on représente tous les nombres.

Noms des chiffres.	Nombr.	Noms des chiffres.	Nombr.
Un ou unité simple..	1	Seize...............	16
Deux................	2	Dix-sept............	17
Trois...............	3	Dix-huit............	18
Quatre..............	4	Dix-neuf............	19
Cinq................	5	Vingt...............	20
Six.................	6	Trente..............	30
Sept................	7	Quarante............	40
Huit................	8	Cinquante...........	50
Neuf................	9	Soixante............	60
Dix.................	10	Soixante-dix........	70
Onze................	11	Quatre-vingts.......	80
Douze...............	12	Quatre-vingt-dix....	90
Treize..............	13	Cent................	100
Quatorze............	14	Mille...............	1000
Quinze..............	15	Dix mille...........	10000

TABLE DES RÉDUCTIONS

Des Sous en Centimes.

Sous.	Centimes.	Sous.	Centimes.
1 égale.............	05	11 égale............	55
2..................	10	12..................	60
3..................	15	13..................	65
4..................	20	14..................	70
5..................	25	15..................	75
6..................	30	16..................	80
7..................	35	17..................	85
8..................	40	18..................	90
9..................	45	19..................	95
10.................	50	20..................	100

* Le franc est l'unité principale d'où dérivent les autres monnaies ; il se divise en dix décimes, le décime en dix centimes, et équivaut à vingt sous tournois. Le décime, qui est la dixième partie du franc, équivaut à deux sous tournois. Le centime, qui est la centième partie du franc et la dixième du décime, équivaut à deux deniers deux cinquièmes.

CHIFFRES FRANÇAIS OU ARABES.

Dixaines de billions.	Billions.	Centaines du millions.	Dixaines de millions.	Millions.	Centaines de mille.	Dixaines de mille.	Mille.	Centaines.	Dixaines.	Unités.
										1
									3	2
								5	4	3
							7	3	8	4
						6	3	5	7	5
					8	7	3	2	0	6
				4	3	6	5	3	2	7
			8	3	0	5	7	6	4	8
		6	5	4	3	2	9	5	2	9
	7	5	7	9	6	3	4	6	7	0
3	2	3	4	5	6	8	0	9	5	3

Pour énoncer cette dernière ligne, il faut dire trente-deux billions trois cent quarante-cinq millions six cent quatre-vingt mille neuf cent cinquante-trois unités.

EXPLICATION

De quelques signes dont on fera usage dans cet Abrégé.

Le signe *f.* signifie franc.

D. . . . . décime.

C. . . . . centime.

D. . . . . *demande.*

R. . . . . *réponse.*

Q. . . . . *question.*

M. . . . . mètres.

— . . . . moins.

× . . . . multiplié par

D. . . . . divisé par.

= . . . . égal à.

P^r . . . . pour cent.

x. . . . . terme inconnu.

N^r . . . . numérateur.

D^r . . . . dénominateur.

D. C. . . . . dénominateur commun.

: . . . . est à.

:: . . . . comme.

TABLE.

FIN DE LA TABLE.

ABRÉGÉ

D'ARITHMÉTIQUE.

DÉFINITIONS PRÉLIMINAIRES.

Demande. Qu'est-ce que l'Arithmétique ?

Réponse. C'est la science des nombres et du calcul.

D. Qu'est-ce que le nombre ?

R. Le nombre est ce qui exprime combien il y a d'unités ou de parties d'unité dans une quantité. Ainsi 4, par exemple, est un nombre, parce qu'il est composé de quatre fois un, ou de quatre unités : deux tiers, ou $\frac{2}{3}$, est un nombre qui contient deux fois le tiers de l'unité.

D. Qu'appelle-t-on nombres abstraits ?

R. Ce sont ceux qui ne sont appliqués à aucune espèce de chose déterminée, comme 6, 9, 30, ou 6 fois, 9 fois, etc.

D. Qu'appelle-t-on nombres concrets ?

R. Ce sont ceux qui expriment une espèce de chose déterminée, comme 8 mètres, 12 francs, 15 jours, etc.

D. Qu'appelle-t-on nombres simples ?

R. Ce sont ceux qui ne contiennent qu'une seule espèce de quantité, comme 4 mètres, ou 18 francs, ou 24 kilogrammes, etc.

D. Qu'appelle-t-on nombres composés?

R. Ce sont ceux qui contiennent plusieurs espèces de quantités de même nature, comme 3 mètres, 4 décimètres, 6 centimètres; 8 francs, 7 décimes, 4 centimes; 8 grammes, 9 décigrammes, 4 centigrammes, etc.

D. Qu'est-ce qu'un nombre entier?

R. C'est celui qui contient l'unité une ou plusieurs fois exactement, comme 1, 3, 4, 8, 17, 28, 340, etc.

D. Qu'est-ce que le calcul?

R. C'est l'art de composer les nombres, et de les décomposer par diverses opérations.

D. Quelles sont les opérations fondamentales de l'arithmétique?

R. Ce sont, l'addition, la soustraction, la multiplication et la division; mais, avant de faire ces opérations, il faut savoir la numération.

DE LA NUMÉRATION.

D. Qu'est-ce que la numération?

R. C'est l'art de représenter et d'énoncer la valeur des nombres.

D. De quoi se sert-on pour représenter les nombres?

R. On se sert de dix caractères ou chiffres, qui nous viennent des Arabes; ce sont : 0, 1, 2, 3, 4, 5, 6, 7, 8, 9.

Remarque. Pour exprimer les autres nombres, on est convenu que de dix unités simples on en ferait une seule, à laquelle on donnerait le nom de *dizaine;*

que de dix *dizaines* on en ferait-une seule unité, qui se nommerait *centaine*, etc. Ainsi *cent trente-six* s'écrit 136 : le premier chiffre à gauche exprime une centaine, le second trois-dizaines, et celui de la droite six unités.

D. Combien les chiffres ont-ils de valeurs?

R. Deux; l'une se nomme *absolue*, et l'autre *relative*.

D. Qu'est-ce que la valeur absolue d'un chiffre?

R. C'est celle qu'il a, étant considéré seul.

D. Qu'est-ce que la valeur relative d'un chiffre?

R. C'est celle que lui donne le rang qu'il occupe : ainsi, dans 67, la valeur absolue du premier chiffre est 6, sa valeur relative est six dizaines ou soixante, parce qu'il est au second rang, et la valeur du second chiffre est 7.

D. Quelle est la propriété fondamentale de la numération?

R. C'est qu'un chiffre placé à la gauche d'un autre, ou suivi d'un zéro, vaux dix fois plus que s'il était seul; et à mesure qu'un chiffre est avancé d'un rang vers la gauche, chacune de ses unités en vaut dix du chiffre qui est immédiatement à sa droite : au contraire, à mesure qu'un chiffre est reculé d'un rang vers la droite, les unités de ce chiffre valent dix fois moins que chaque unité du chiffre qui le précède vers la gauche.

D. Que peut-on conclure de ces principes?

R. Que, pour multiplier un nombre par dix, par cent, par mille, etc., il suffit de mettre à sa droite un, deux ou trois zéros, etc.; et que, pour diviser un nombre par dix, par cent, par mille, etc., il suffit de retrancher à sa droite un, deux ou trois zéros, etc.

D. Que fait-on pour énoncer aisément un nombre composé de plusieurs chiffres?

R. On le partage en tranches de trois chiffres chacune, en commençant par la droite, et on leur donne les noms suivans : unités, mille, millions, billions, trillions, etc. Ainsi le nombre 345,678,907,654,326 s'exprime en disant: trois cent quarante-cinq trillions, six cent soixante-dix-huit billions, neuf cent sept millions, six cent cinquante-quatre mille, trois cent vingt-six unités.

DE L'ADDITION.

D. Qu'est-ce que l'addition?

R. L'addition est une opération par laquelle on joint ensemble plusieurs quantités de même espèce pour en faire un seul nombre, que l'on appelle *somme* ou *total*.

D. Que faut-il observer pour bien poser l'addition?

R. Il faut écrire les nombres de même espèce les uns sous les autres, les unités sous les unités, les dizaines sous les dizaines, les centaines sous les centaines, etc.

D. Par où faut-il commencer l'addition?

R. Par la colonne des chiffres qui est à droite.

D. Pourquoi faut-il commencer par la droite?

R. Afin de porter les dizaines qui proviennent de l'addition des unités à la colonne des dizaines, et les centaines qui proviennent de la colonne des dizaines à la colonne des centaines; ainsi de suite.

D. Pourquoi encore ?

R. C'est, dans l'addition des nombres composés, afin de porter les entiers qui se trouvent dans l'addition des parties de la plus petite espèce avec les entiers de la partie prochainement supérieure.

Exemple de l'Addition en nombres simples.

Question 1re. Une personne doit les trois sommes suivantes : 428 francs, 635 francs, et 874 fr. Combien doit-elle en tout ? *R.* 1937 fr.

Opération.

428 fr.
635
874

Somme.   1937

Après avoir posé les nombres les uns sous les autres, je commence par additionner les unités, en disant : 8 et 5 font 13, et 4 font 17 : en dix-sept unités il y a une dizaine et sept unités ; je pose 7 unités et je retiens une dizaine pour la porter au rang des dizaines. A la seconde colonne, qui est celle des dizaines, je dis : 1 de retenu et 2 font 3, et 3 font 6, et 7 font 13 : en 13 dizaines il y a 1 centaine et 3 dizaines ; je pose 3 au rang des dizaines, et je retiens 1 cent. Je passe à la troisième colonne, en disant : 1 de retenu et 4 font 5, et 6 font 11, et 8 font 19 : je pose 9 au rang des centaines, et j'avance 1 au rang des mille, et j'ai 1937 pour la somme ou le total des trois nombres proposés.

Q. 2. Le trésorier d'un régiment a dans sa caisse les quatre sommes suivantes : 3579 francs, 4682 francs, 5673 francs, et 7856 francs. On demande combien il y a d'argent en tout. *R.* 21790 francs.

Opération.

$$
\begin{array}{r}
3579\ \text{fr.} \\
4682 \\
5673 \\
7856 \\
\hline
21790
\end{array}
$$

Commençant par la droite, je dis : 9 et 2 font 11, et 3 font 14, et 6 font 20 : en 20 unités il y a 2 dizaines tout juste ; c'est pourquoi je pose 0 au rang des unités, et je retiens 2 dizaines ; puis je dis : 2 de retenu et 7 font 9, et 8 font 17, et 7 font 24, et 5 font 29 ; je pose 9 et je retiens 2 pour la colonne suivante, etc.

DE LA SOUSTRACTION.

D. Qu'est-ce que la soustraction ?

R. C'est une opération par laquelle on retranche un nombre d'un autre nombre de même espèce, pour connaître de combien le plus grand surpasse le plus petit.

D. Comment nomme-t-on le résultat de la soustraction ?

R. On le nomme *reste*, *excès* ou *différence*.

D. Comment fait-on la soustraction ?

R. On écrit le plus petit nombre sous le plus grand; on ôte ensuite les unités du plus petit de celles du plus grand, et on met le reste au-dessous de la même colonne; on ôte de même les dizaines, les centaines, etc. Si le chiffre inférieur est égal à son correspondant supérieur, on pose zéro; si le chiffre inférieur est plus grand que le supérieur, on augmente celui-ci de dix unités, valeur d'une unité qu'on emprunte sur le chiffre à gauche, qu'il faut considérer comme l'ayant de moins.

D. Comment se fait la preuve de la soustraction?

R. En additionnant la plus petite quantité avec la différence : si la somme est égale à la plus grande quantité, l'opération est bien faite.

Exemples des nombres simples.

Q. 3. Un particulier devait la somme de 785 francs, il a payé 423 francs, combien doit-il encore ?
R. 362 francs.

Opération.

$$785 \text{ fr.}$$
$$423$$

Reste.   362

Preuve.   785

Après avoir placé le plus petit nombre sous le plus grand, commençant par la droite, je dis : 3 ôtés de cinq, reste 2, que je pose dessous; ensuite 2 ôtés de 8, reste 6, que je pose de même; enfin 4 ôtés de 7, reste 3. Le reste ou la différence est donc 362.

Pour la preuve, j'additionne la petite quantité 423 avec le reste 362; il vient 785, qui est le grand nombre, ce qui prouve que la règle est bonne.

Q. 4. Un menuisier a 876 mètres d'ouvrage à faire; il en fait 483 mètres, combien lui en reste-t-il encore à faire?

Opération.

$$876 \text{ m.}$$
$$483$$

Reste.   393

Preuve.   876

Pour cette opération, je dis : 3 ôtés de 6, reste 3; ensuite 8 ôtés de 7, ne se peut; j'emprunte sur le chiffre à gauche 1, qui vaut 10, et 7 font 17; alors je dis : 8 ôtés de 17, reste 9; ayant emprunté sur le 8, il ne vaut plus que 7; je dis donc : 4 ôtés de 7, reste 3, que je pose; de sorte que la différence ou le reste est 393. La preuve comme à la question précédente.

Preuve de l'Addition.

D. Comment fait-on la preuve de l'addition?

R. Par la soustraction; mais on commence par la gauche : on ôte le total de chaque colonne du nombre qui est au-dessous; on pose le reste sous ce nombre, pour le joindre avec le chiffre qui répond à la colonne suivante : de cette quantité on retranche la totalité de la colonne; on continue ainsi jusqu'à la dernière colonne. Si du total de l'addition on peut ôter sans reste le montant de toutes les colonnes, c'est-à-dire s'il vient zéro sous la dernière, c'est une preuve que la règle est bien faite. Ainsi, ayant trouvé, dans la Question 1re, que les trois nombres ci-dessous ont pour somme 1937,

$$
\begin{array}{r}
428 \\
635 \\
874 \\
\hline
1937 \quad \textit{Somme.} \\
\hline
110 \quad \textit{Preuve.}
\end{array}
$$

je fais la preuve en disant : 4 et 6 font 10, et 8 font 18, lesquels ôtés de 19, il reste 1, que je pose sous le nombre; et joignant cet 1 avec le 3, cela fait 13 : je passe à la colonne suivante, et dis : 2 et 3 font 5, et 7 font 12, qui étant ôtés de 13, il reste 1, que je pose, et qui, joint avec le 7, fait 17 : j'additionne la dernière colonne, 8 et 5 font 13, et 4 font 17, ôtés de 17, il ne reste rien, je pose zéro. La règle est donc bonne.

De l'Addition des nombres composés.

Q. 5. On propose d'ajouter ensemble les sommes suivantes; savoir :

Opération.

4684 fr.	4 déc.	5 cent.	4684,45
6844	8	7	6844,87
8446	9	8	8446,98
9784	5	3	9784,53
4567	7	8	4567,78
		Somme.	34328,61
		Preuve.	3323,30

Pour faire cette addition, je commence par les

centimes qui forment la première colonne à droite, et sans faire attention à la virgule, en disant : 5 et 7 font 12, et 8 font 20, et 3 font 23, et 8 font 31 ; on pose 1 sous ladite colonne, et on retient 3, qui sont des décimes, en disant : 3 de retenus et 4 font 7, et 8 font 15, et 9 font 24, et 5 font 29, et 7 font 36 ; on pose 6, et on retient 3 francs pour la colonne des francs : le reste se fait comme à l'addition simple.

La preuve se fait comme pour les nombres simples.

Autre exemple.

On propose d'additionner les sommes suivantes :

648 fr.	0 déc.	6 cent.	ou	648,06
847	6	4	ou	847,64
676	4	9	ou	679,49
346	6	4	ou	346,64
376	2	3	ou	376,23

		Somme.	2895,06
		Preuve.	232,20

Exemple d'une Addition pour les mesures de longueur.

Q. 6. On demande combien cinq pièces d'étoffe, toutes ensemble, font de mètres, sachant combien chaque pièce en contient en particulier.

La 1re contient	876 mètres	5 décim.	6 centim.
La 2e	368	6	5
La 3e	632	4	8
La 4e.	446	6	4
La 5e	268	4	6

Opération.

$$876,56$$
$$368,65$$
$$632,48$$
$$446,64$$
$$268,46$$
____
$$2592,79$$
____
$$232,20$$

Exemple d'une Addition de poids.

Q. 7. Un marchand épicier a vendu du café à huit particuliers, comme il suit ; savoir :

	kilogrammes	grammes	déca.
Au 1er	78	7	8
Au 2e	49	8	5
Au 3e	50	6	7
Au 4e	88	5	8
Au 5e	78	4	9
Au 6e	46	6	4
Au 7e	47	3	5
Au 8e	98	2	1
	538	5	7

Cet épicier a vendu 538 kilogrammes, 5 gra. 7 décagrammes.

Q. 8. On suppose qu'un orfèvre a vendu à cinq personnes des effets en or, pesant, savoir :

	grammes	décigr.	centigr.	milligr.
Au 1er	20	9	4	8
Au 2e	28	8	6	7
Au 3e	3_	4	5	5
Au 4e	4_	_	0	4
Au 5e	4_	7	4	0

Opération de la 8ᵉ Question.

$$20,948$$
$$28,867$$
$$37,455$$
$$12,004$$
$$4,740$$

Total. 104,014

Preuve. 23,220

Exemple d'une Addition pour les bois de chauffage.

Q. 9. Un marchand de bois a fait venir dans son chantier, dans le courant d'une semaine, les stères de bois suivans; savoir :

	stères	centistères
Lundi,	468	69
Mardi,	264	54
Mercredi,	186	46
Jeudi,	624	68
Vendredi,	456	84
Samedi,	836	56

Total. 2837 stères 77 centistères. *

Exemples de la Soustraction en nombres composés.

Q. 10. Une personne doit 6578 francs 4 décimes 5 centimes : elle a payé à compte 4769 francs 6 décimes 9 centimes ; combien doit-elle encore ?

R. 1808 francs 76 centimes.

---

* On observera qu'il est indifférent d'écrire ou de prononcer 5 décimes 9 centimes, ou 59 centimes ; 3 décimètres 6 centimètres, ou 36 centimètres; 6 décistères 9 centistères, ou 69 centistères.: la raison est que le décime contient 10 centimes, et le décimètre 10 centimètres, etc.

Opération.

De. . .   6578 fr. 45 cent.
Otez. .   4769   69

Reste dû   1808   76

Preuve   6578   45

Pour faire cette opération, je dis : 9 ôtés de 5, ne se peut, j'emprunte 1 décime sur le 4, qui vaut 10 centimes, que je joins au 5, qui font 15 ; alors, 9 ôtés de 15, reste 6 : je passe à la colonne des décimes, et ayant emprunté 1 sur le 4, il ne vaut plus que 3 ; je dis donc : 6 ôtés de 3 ne se peut ; j'emprunte sur le 8, 1 fr., qui vaut 10 décimes, que je joins aux trois restans, et j'ai 13, dont j'ôte 6, reste 7 ; ainsi des autres.

S'il arrive que l'un des deux nombres proposés ait moins de décimales que l'autre, on ajoutera à celui qui en a le moins autant de zéros qu'il est nécessaire * pour qu'il ait le même nombre de décimales que celui qui en a le plus.

Exemple.

Q. 11. Un menuisier avait 846 mètres 8 décimètres de menuiserie à faire ; il en a fait 682 mètres 6 décimètres 4 centimètres : on demande ce qu'il lui en reste encore à faire. R. 164 mètres 16 centimètres.

Opération.

             846 mètres 80
             682   64

Reste   164   16

Preuve.   846   80

* Il est clair que ces zéros ne changent rien à la valeur du nom-

Q. 12. Un marchand de bois avait dans son chantier 48642 stères 4 décistères 8 centistères de bois ; il en a livré 24321 stères 2 décistères 4 centistères : on demande combien il lui en reste encore.

R. 24321 stères 24 centistères.

. *Opération.*

		48642 stères	48
		24321	24
Reste		24321	24
Preuve.		48642	48

L'opération étant faite, on voit qu'il reste encore dans le chantier 24321 stères 24 centistères.

Q. 13. Un orfèvre a vendu 480 grammes d'argent, et en a déjà livré 321 grammes 7 décigrammes 4 centigrammes : on demande combien il lui en reste à livrer. *R.* 158 grammes 26 centigrammes.

Opération.

	480 grammes	00
	321	74
Reste	158	26
Preuve.	488	00

DE LA MULTIPLICATION.

D. Quest-ce que la multiplication ?

R. C'est une opération par laquelle on répète un

---

bre primitif, puisque, comme nous l'avons remarqué ci-dessus, l'expression de 8 décimes est semblable à celle de 80 centimes, etc.

nombre, qu'on appelle *multiplicande*, autant de fois que l'unité est contenue dans un autre nombre, appelé *multiplicateur*, pour avoir un résultat qu'on nomme *produit*.

Ainsi, multiplier 4 par trois, c'est répéter 4 trois fois, pour avoir 12 au produit.

D. Comment connaît-on le multiplicande?

R. On connaît le multiplicande en ce qu'il est de même nature que le produit.

D. Qu'est-ce que le multiplicateur?

R. Le multiplicateur est le nombre qui indique combien de fois il faut répéter le multiplicande.

D. Quel est le nom commun aux deux termes de la multiplication?

R. On les appelle *facteurs* de la multiplication ou du produit.

D. Quelles conséquences peut-on tirer de tout ce qu'on vient de dire?

R. Les trois suivantes sont les principales : 1° que si le multiplicateur est l'unité, le produit sera égal au multiplicande ; 2° que si le multiplicateur est plus grand que l'unité, le produit sera plus grand que le multiplicande; 3° que si le multiplicateur est plus petit que l'unité, le produit sera plus petit que le multiplicande : c'est ce qui arrive dans les fractions.

D. Quels sont les usages de la multiplication?

R. Voici les principaux : 1° elle sert à faire connaître le produit de deux nombres ; 2° à trouver le prix total de plusieurs unités de même espèce, lorsqu'on connaît le prix de l'unité ; 3° à réduire des entiers d'espèces principales en leurs parties, comme des francs en décimes, des décimes en centimes, des mètres en décimètres, des décimètres en centimètres, etc. ; 4° à trouver les surfaces ou superficies, et la solidité des corps.

D. Que faut-il savoir pour bien faire la multiplication ?

R. Il faut savoir par cœur la table de multiplication, qu'on appelle *Livret*.

TABLE DE MULTIPLICATION.

2	fois	2	font	4	5	fois	5	font	25
2	fois	3	font	6	5	fois	6	font	30
2	fois	4	font	8	5	fois	7	font	35
2	fois	5	font	10	5	fois	8	font	40
2	fois	6	font	12	5	fois	9	font	45
2	fois	7	font	14	5	fois	10	font	50
2	fois	8	font	16					
2	fois	9	font	18	6	fois	6	font	36
2	fois	10	font	20	6	fois	7	font	42
					6	fois	8	font	48
3	fois	3	font	9	6	fois	9	font	54
3	fois	4	font	12	6	fois	10	font	60
3	fois	5	font	15					
3	fois	6	font	18	7	fois	7	font	49
3	fois	7	font	21	7	fois	8	font	56
3	fois	8	font	24	7	fois	9	font	63
3	fois	9	font	27	7	fois	10	font	70
3	fois	10	font	30					
					8	fois	8	font	64
4	fois	4	font	16	8	fois	9	font	72
4	fois	5	font	20	8	fois	10	font	80
4	fois	6	font	24					
4	fois	7	font	28	9	fois	9	font	81
4	fois	8	font	32	9	fois	10	font	90
4	fois	9	font	36					
4	fois	10	font	40	10	fois	10	font	100

Q. 14. On veut multiplier 532 par 4, quel sera le produit? *R.* 2128.

Multiplicande   532
Multiplicateur   4
____

2128

Pour faire cette multiplication, je commence à droite par les unités, en disant : 4 fois 2, ou 2 fois 4 font 8 ; je pose 8 sous les unités : je passe au second chiffre, en disant : 4 fois 3 font 12, c'est-à-dire 12 dizaines, parce que je multiplie des dizaines par des unités ; je pose 2 dizaines et j'en retiens 10, qui font 1 centaine, pour la joindre au troisième produit, que je fais en disant : 4 fois 5 font 20, et 1 de retenu font 21, que je pose en entier, parce qu'il n'y a plus rien à multiplier. Le nombre 2128 est le produit demandé ; il contient 4 fois le multiplicande, car il renferme quatre fois les unités, 4 fois les dizaines et 4 fois les centaines : il renferme donc 4 fois tout le nombre 532.

Q. 15. Que faut-il payer pour 298 mètres de drap, à raison de 26 fr. le mètre? *R.* 7748 fr.

Opération.

Multiplicateur   298
Multiplicande   26
____

1788   produit des 6 unités.
596.   produit des 2 dizaines.
____

Produit total.   7748 fr. *

* Lorsque les facteurs ont plusieurs chiffres, il faut multiplier tous les chiffres du facteur supérieur par chaque chiffre du facteur inférieur, de la manière enseignée ci-dessus ; mais il faut observer

D. Comment peut-on faire la preuve de la multiplication ?

R. Par une autre multiplication, dont l'un des facteurs est 2 fois, 3 fois, 4 fois, etc., plus petit, l'autre 2 fois, 3 fois, 4 fois, etc., plus grand que ceux de la règle, et le produit doit être égal.

Preuve de la Question précédente.

Opération.

Moitié du multiplicande.	149
Double du multiplicateur.	52

     298 produit partiel des 2 unités.
    745. produit partiel des 5 dizaines.

Produit total. 7748

Q. 16. On demande combien il y a de jours dans 848 années, chacune de 365 jours.

Multiplicande	848
Multiplicateur	365 j.

    4240 produit partiel des 5 unités.
    5088. prod. partiel des 6 dizaines.
  2544.. prod. partiel des 3 centaines.

Total. 309520 j.

---

la place que doit occuper le premier chiffre de chaque produit. Lorsqu'on multiplie par des unités, le produit donne des unités ; si l'on multiplie par des dizaines, le produit sera des dizaines ; si c'est par des centaines, le produit sera des centaines, etc. Ainsi, lorsqu'on multipliera par le deuxième chiffre, on mettra le premier chiffre de ce produit sous les dizaines, et les autres en avançant vers la gauche ; lorsqu'on multipliera par le troisième chiffre, on posera le premier chiffre du produit au rang des centaines ; et ainsi des autres, toujours en avançant d'une place vers la gauche.

Q. 17. Que faut-il payer pour 4,5o6 chevaux, à raison de 2o8 francs chaque?

Opération.

| Multiplicande. | 45o6 |
| Multiplicateur. | 2o8 fr. |

$$36048$$
$$90120.$$

Total.   937248 fr.

Pour faire cette opération, je dis : 8 fois 6 font 48; je pose 8 sous les unités, et le 4 sous les dizaines, à cause du zéro qui se trouve au multiplicateur; ensuite je dis : 8 fois 5 font 40; je pose o et retiens 4; 8 fois 4 font 32, et 4 de retenus font 36; je pose 36.

Passant aux dizaines, je pose le zéro au rang des dizaines; puis je multiplie tout le multiplicateur par les 2 centaines du multiplicande, disant 2 fois 6 font 12; je pose 2 au rang des centaines, et la dizaine au rang des mille; ensuite je dis : 2 fois 5 font 10; je pose o et retiens 1 : 2 fois 4 font 8, et 1 de retenu, font 9; je pose 9[*].

---

[*] La multiplication des nombres composés n'emporte pas plus de difficulté que celle des nombres simples. On écrira le multiplicateur au-dessous du multiplicande à l'ordinaire, en séparant les décimales par une virgule, puis l'on opérera sans s'embarrasser de la virgule. L'opération finie, on placera la virgule dans le produit, en laissant à droite autant de chiffres qu'il y a de décimales, tant dans le multiplicateur que dans le multiplicande, et ces chiffres seront alors des décimes et centimes, des décilitres et centilitres, etc., suivant la nature du multiplicande.

Exemple de Multiplication d'un nombre composé par un nombre simple.

Q. 18. Combien coûteront 86 mètres de drap, si le mètre coûte 36 francs 6 décimes 4 centimes ?
R. 3151 fr. 04 c.

	Opération.		*Preuve.*	
Multiplicande.	34,66	18,32	Moitié du multiplicande.
Multiplicateur.	86	1 72	Double du multiplicat.

21984	36 64
2931 2.	1282 4
	1832..
3151,04	
	3151,04

Exemple d'une Multiplication d'un nombre composé par un nombre composé.

Un marchand épicier a vendu 1468 kilogrammes 6 grammes 6 décagrammes de sucre, à 3 francs 45 centimes le kilogramme; combien fait le tout ?
R. 5067 fr. 56 c. et 70 de reste.

Opération.

Règle.	*Preuve.*
1468,86	734,43
3,45	6,90
734 430	66098 70
5875 44.	440658 ..
44065 8..	
	5067,5670
5067,5670	

Autre opération.

Règle.	Preuve.
468,645	937,290
4,630	2,315
14 059,350	4 686 450
281 187 0 . .	9 372 90 .
1874 580 . . .	281 187 0 . .
2169,826 350	1874 580 . . .
	2169,826 350

Q. 19. Une marchande fruitière a acheté 486 douzaines d'oranges à 75 centimes la douzaine, combien le tout ?

Opération.	Preuve selon l'ancien système.
4 86	486
0,75	15 s.
24 30	2430
340 2 .	486 .
364,50	7290 s.

Le vingtième 364 liv. 10 s.

Autre Opération.

Règle.	Preuve.
400 00,05	200 00,0 25
30,40	6 0,80
16000 020	16000 02 0 00
1200001 50 . .	1200001,50 0 . .
1216001,52 00	1216001,52 0 00

Q. 20. Un vaisseau marchand est chargé de 423 tonneaux de morue, qui doivent être vendus chacun 106 francs 80 centimes : on demande quelle somme produira cette cargaison. R. 45 176 francs 40 centimes.

Opération.	Preuve selon l'ancien système.
423	423
106,80	106 liv. 16 s.
338 40	2538
2538 ..	4230 .
4230. ..	338 liv. 8 s.
45176,40	45176 liv. 8 s.

Q. 21. Un marchand de vin a acheté 789 hectolitres de vin à raison de 142 francs 85 centimes l'hectolitre : on demande quel est le produit de cette quantité de vin. *R.* 112708 fr. 65 cent.

Opération.	Preuve.
789	$394 \frac{1}{2}$
142,85	285,70
39 45	275 80
631 2.	1970 ..
1578 ..	3152. ..
3156. ..	788. ...
789. ...	142 85 prod. de la $\frac{1}{2}$
Total. 112708,65	112708,65

Q. 22. Un marchand épicier a vendu 1468 kilogrammes 8 décagrammes et 6 grammes de sucre,
à 3 francs 45 centimes le kilogramme, combien doit-il
recevoir? *R.* 5067 fr. 57 cent.

Opération.	Preuve.
146 8,86	7 34,43
3,45	6,90
73 4 4 30	660 98 70
587 5 4 4.	4406 58 ..
4406 5 8 ..	5067,56 70
5067,5 6 70	

Q. 23. Combien coûteront 647 kilogrammes 2 hectogrammes 7 décagrammes de sucre, à raison de 1 fr. 29 centimes le kilogramme ? *R.* 834 fr. 98 cent.

Opération.	Preuve.
647,27	3 23,6 35
1,29	2,58
58 25 43	25 89 0 80
129 45 4.	161 81 7 5.
647 27 ..	647 27 0 ..
834,97 83	834,97 8 30

Q. 24. On a fait enduire un mur qui a 19 mètres 25 centimètres de longueur sur 8 mètres 64 centimètres de hauteur : on veut savoir pour combien de mètres et parties de mètre on doit payer l'ouvrier ?

R. 166 mètres 32 centièmes.

Opération.	Preuve.
19,25	9,6 25
8,64	1 7,28
77 00	77 0 00
11,55 0.	1 92 5 0.
154 00 ..	67 37 5 ..
166,32 00	96 25 ...
	166,320 00

Q. 25. On demande ce que coûteront 3 stères 1 billionième de stère, à raison de 2 francs 1 millime *.

---

* Il est rare que l'on emploie dans l'usage ordinaire du commerce plus de deux décimales : on négligera donc le reste, comme peu important, observant cependant que, si le premier chiffre de ce reste est un cinq ou au-dessus, on ajoutera une unité au dernier chiffre conservé, comme on le voit dans la réponse de la question 22 et 23.

Opération.

$$3,000000\ 001$$
$$2,001$$

$$3\ 000000\ 001$$
$$6\ 000\ 000002\ \ldots$$

$$6,003\ 000002\ 001$$

DE LA DIVISION.

D. Qu'est-ce que la division ?

R. La division est une opération par laquelle on cherche combien de fois un nombre qu'on appelle *dividende* en contient un autre qu'on appelle *diviseur;* ce combien de fois se nomme *quotient.*

D. Comment peut-on définir la division ?

R. On peut encore la définir 1° une opération par laquelle on ôte une quantité d'une autre plus grande autant de fois qu'elle y est contenue; 2° une opération par laquelle on partage une quantité donnée en autant de parties égales que l'on veut.

Ainsi diviser 12 par 3, par exemple, c'est chercher combien de fois 12 contient 3; ou bien c'est ôter 3 du nombre 12 autant de fois qu'il y est contenu ; ou bien encore, c'est partager le nombre 12 en trois parties égales.

D. Quelles conséquences tirez-vous de ces définitions ?

R. 1° Que, si le diviseur est l'unité, le quotient sera égal au dividende; 2° si le diviseur est plus grand que l'unité, le quotient sera plus petit que le dividende; 3° si le diviseur est plus petit que l'unité, le quotient sera plus grand que le dividende; c'est ce qui arrive dans les fractions; 4° que, si on multiplie ou si on divise le dividende et le diviseur par un même nombre, le quotient sera toujours le même.

D. Quels sont les principaux usages de la division?

R. La division sert 1° à découvrir combien de fois une quantité est contenue dans une autre; 2° à partager un nombre en autant de parties égales que l'on veut; 3° à trouver la valeur d'une chose par la connaissance du prix total de plusieurs; 4° à rappeler les parties à leur tout : comme des centimètres en décimètres, des décimètres en mètres; des centimes en décimes, des décimes en francs, etc.; 5° enfin à prouver la multiplication : car, en divisant le produit par l'un des facteurs, le quotient doit donner l'autre facteur.

D. Comment fait-on la preuve de la division?

R. En multipliant le diviseur par le quotient; et ajoutant au produit le reste de la division, s'il y en a un, ce produit doit être égal au dividende.

D. Comment faut-il disposer les termes de la division?

R. On place sur une même ligne le dividende et le diviseur, séparés par une accolade; sous le diviseur on met le quotient, qui est la réponse.

Exemple.

Dividende 18 ⎰ 6 diviseur.
           ⎱ 3 quotient.

D. Combien doit-il y avoir de chiffres au quotient d'une division?

R. Autant qu'il y a de membres dans la division.

D. Qu'est-ce qu'on appelle membres de division?

R. Ce sont les différentes parties du dividende, pour lesquelles il faut faire des divisions particulières, lorsqu'on ne peut le diviser tout d'un coup.

D. Comment connaît-on le nombre de membres qu'il y a dans une division?

R. En prenant d'abord autant de chiffres à la gauche du dividende qu'il en faut pour que tout le diviseur y soit contenu, on a le premier membre; et le nombre de chiffres qui restent au dividende indique combien il doit y avoir de membres avec le premier. Si donc, après avoir déterminé le premier membre, il reste encore deux chiffres, il y aura trois membres de division, et par conséquent trois chiffres au quotient. Il est bon de mettre un point après le premier membre.

D. Que faut-il observer dans la division de chaque membre?

R. 1° Que le produit du diviseur par le chiffre qu'on pose au quotient doit toujours être moindre que le membre que l'on divise, ou lui être égal; 2° que le restant de chaque division doit toujours être moindre que le diviseur; 3° qu'il ne peut jamais y avoir plus de 9 au quotient pour chaque membre de division; 4° que, lorsque, après avoir descendu un chiffre pour former un nouveau membre, il arrive que le diviseur n'y est pas contenu, c'est-à-dire que le membre est plus petit que le diviseur, il faut poser un zéro au quotient, et descendre un autre chiffre pour former le membre suivant :

Q. 25. On voudrait savoir combien de fois le nombre 6 est contenu dans 924. *R.* 154 fois.

Opération.

Dividende 9.24 $\Big\{$ 6 diviseur.
6 ‾‾‾‾‾‾‾‾‾
‾‾‾‾‾‾‾‾ 154 quotient.
2ᵉ membre 3 2
3 0

3ᵉ membre 24
24
‾‾‾‾‾‾‾‾
00

Preuve.
154
6
‾‾‾‾‾‾
924

Je commence cette opération par la gauche en disant : en 9 combien de fois 6 ? il y est une fois ; je pose 1 au quotient, par lequel je multiplie le diviseur ; je mets le produit 6 sous le premier membre de la division, j'ôte ce 6 de 9, il reste 3 ; à côté de ce 3 je descends la figure suivante, et j'ai 32 pour second membre ; je dis donc en 32 combien de fois 6 ? il y est 5 fois, que je pose au quotient ; ensuite je dis : 5 fois 6 font 30, que je pose sous 32 ; je fais la soustraction, il reste 2 à côté duquel je descends le 4, et j'ai 24 pour troisième membre, que je divise par 6 ; il vient 4 au quotient ; enfin je dis : 4 fois 6 font 24, que je pose sous ce troisième membre pour en faire la soustraction, il ne reste rien. Le diviseur 6 est donc contenu 154 fois dans le dividende 924.

Pour faire la preuve, je multiplie le diviseur par le quotient, le produit donne le dividende, ce qui prouve que la règle est bien faite.

Q. 26. Un capitaine a destiné 4738 francs pour être distribués à 54 de ses soldats : on demande combien chacun aura pour sa part. *R*. 87 francs; plus 40 francs de reste.

Opération.		Preuve.

$$1^{er}\ \text{membre}\ \ 473.8 \left\{ \begin{array}{l} 54 \\ \hline 87 \end{array} \right.$$

1er membre 473.8 | 54
           432 | 87
2e membre   41 8
         37 8
Reste   4 0

Preuve :

    54
    87
   378
   432.
    40
  4738

Dans cette opération, le diviseur 54 étant plus grand que les deux premiers chiffres 47 du dividende, il en faut prendre trois pour en faire le premier membre; alors je dis : en 47 combien de fois 5? il semble qu'il peut y aller 9 fois; mais 54 multiplié par 9 donnerait 486 qui est plus que 473; il ne peut donc y aller que 8 fois; je mets donc 8 au quotient, par lequel je multiplie le diviseur, et j'ai 432 à soustraire du premier membre, il reste 41; je descends 8, et j'ai 418 pour deuxième membre; je dis donc : en 41 combien de fois 5? je vois qu'il ne peut y aller que 7 fois; je pose 7 au quotient, et je multiplie 54 par ce 7; et il vient 378, à soustraire du deuxième membre. La règle finie, je trouve que chaque partageant aura 87 francs, et qu'il restera encore 40 francs à répartir entre eux.

Je fais la preuve, à laquelle j'ajoute le reste 40 francs.

Q. 27. Un marchand de chevaux assure que pendant le cours d'une année il a déboursé 260 1648 francs, et que, pour cette somme, il a eu 6408 chevaux : on demande à combien lui revient chaque cheval.

R. 406 francs.

Opération.   Preuve.

$$26016.48 \mid 6408 \qquad 6408$$
$$25632 \mid 406 \qquad 406$$

2ᵉ et 3ᵉ membre 26016.48   38448
384 48   256320
000 00   2601648

Dans cette opération, le premier membre est composé de cinq chiffres, parce que les quatre premiers du dividende font un nombre moindre que le diviseur.

Après avoir fait la soustraction du premier membre, et avoir descendu le 4 pour former le nombre 3844, qui est le second, et qui est plus petit que le diviseur, j'ai mis un zéro au quotient, et j'ai descendu un autre chiffre pour faire le troisième membre, puis j'ai continué comme ci-dessus.

Q. 28. Un particulier a 8764 francs de rente annuelle : combien a-t-il à dépenser par jour ?

R. 24 francs, et 4 francs de reste.

Opération.   Preuve.

$$876.4 \mid 365 \qquad 3\ 65$$
2ᵉ membre 146 4 $\mid$ 24 $\qquad$ 24
Reste   4   14 60
                                                   73 4.
                                                        4 Reste.
                                                   87 64

La méthode qu'on a suivie dans les trois premières questions sur la division, en portant sous le membre de division le produit du diviseur par chaque chiffre du quotient, étant un peu longue, on peut suivre celle qu'on a observée dans cette dernière question, en faisant la multiplication du diviseur à mesure qu'on met un chiffre au quotient, et faisant la soustraction sans poser le produit : ainsi, dans cette opération, je dis : en 8 combien de fois 3? il y est 2, que je pose au quotient; puis, multipliant le diviseur, je dis : 2 fois 5 font 10, lesquels ôtés de 16 (parce que j'emprunte sur le 7 une unité qui vaut 10), il reste 6, et je retiens 1 ; 2 fois 6 font 12, et 1 de retenu font 13, qui ôtés de 17 reste 4, je retiens 1; enfin : 2 fois 3 font 6, et 1 de retenu, font 7, qui ôtés de 8 reste 1; je descends le 4 pour former le second membre, et je dis : en 14 combien de fois 3? il y est 4, par lequel je multiplie 365, en ôtant le produit du second membre comme on a fait pour le premier, il reste 4, qu'il faut ajouter à la preuve.

Q. 29. On demande combien le nombre 365 est contenu de fois dans 345786.

	Opération.		Preuve.
Dividende 3457.86 ⎰	365 diviseur.		365
2ᵉ membre 172 8 ⎱	947 fois quot.		947
3ᵉ membre 26 86			2555
Reste 1 31			1460.
			3285..
			131 *Reste.*
			345786

Exemples de divisions en nombres composés.

Q. 30. Un particulier, ayant acheté 946 hectolitres de vin pour 43279 francs 50 centimes, désire savoir à combien lui revient chaque hectolitre.

D. Comment fait-on cette opération?

R. Je pose les francs et les centimes sans les séparer

par une virgule, ce qui rend le nombre du dividende cent fois plus grand; il faut donc rendre aussi le diviseur cent fois plus grand : pour cet effet, j'y ajoute deux zéros, et je fais mon opération sans faire attention aux parties décimales.

Toutes les fois que le nombre des décimales du diviseur n'est pas égal à celui du dividende, on les rendra égaux en y ajoutant un ou plusieurs zéros, pour qu'il y ait autant de parties décimales au dividende qu'au diviseur, comme nous le ferons voir ci-après.

Exemple. Dans la question 30, où il y a un nombre qui a des décimales, et l'autre qui n'en a pas, il faut, pour avoir la vraie valeur au quotient, y ajouter autant de zéros que l'autre nombre a de décimales.

Opération.		Preuve.
432795.0.	94 600	946
54395 0	45,75	45,75
7095 00		4730
473 000		6622
. . . . .		4730
		3784
		4327950

Pour faire cette opération, on a suivi la méthode expliquée ci-dessus; quand les entiers ont été opérés, on a ajouté un zéro au reste pour avoir des décimales; comme après avoir eu des décimes, le reste était encore fort, on y a ajouté un zéro, et on a eu des centimes, il ne reste rien, donc la règle est finie : on voit que l'hectolitre coûte 45 fr. 75 cent.

Q. 31. Un bourgeois, ayant un ouvrage à faire, y a destiné 497 francs 55 centimes : d'après le calcul fait, il lui faudrait 186 journées d'ouvriers : on demande combien il pourra donner à chaque ouvrier par jour.

<table>
<tr><td colspan="2" align="center">*Opération.*</td><td align="center">*Preuve.*</td></tr>
<tr><td>49755</td><td>(1 8600</td><td>186</td></tr>
<tr><td>125550</td><td>(2,67</td><td>2,67</td></tr>
<tr><td>139500</td><td></td><td>13 02</td></tr>
<tr><td>9300</td><td></td><td>111 6</td></tr>
<tr><td></td><td></td><td>372</td></tr>
<tr><td></td><td>*Reste*</td><td>93</td></tr>
<tr><td></td><td></td><td>497 55</td></tr>
</table>

On donnera par jour à chaque ouvrier 2 francs 67 centimes.

Q. 32. Un particulier ayant acheté 68 stères 4 décistères et 6 centistères de bois de chauffage, qui lui ont coûté 913 francs 4 décimes, on demande à combien lui revient le stère.

<table>
<tr><td colspan="2" align="center">*Opération.*</td></tr>
<tr><td>9134.0</td><td>(68 46</td></tr>
<tr><td>2288 0</td><td>(13,342</td></tr>
<tr><td>234 20</td><td></td></tr>
<tr><td>28 820</td><td></td></tr>
<tr><td>4 4360</td><td></td></tr>
<tr><td>668</td><td></td></tr>
</table>

Je supprime la virgule, et j'ajoute un zéro à la suite du dividende, pour égaler dans ce facteur le nombre de chiffres décimaux qui se trouve dans le diviseur, après quoi je divise comme à l'ordinaire.

Q. 33. On propose d'avoir le quotient de 6537,6 divisés par 529,47, à moins d'un millième d'unité près.

Pour faire cette opération, j'observe d'abord que le nombre de chiffres décimaux du dividende est moindre que celui du diviseur; j'ajoute un zéro au dividende, pour avoir le même nombre de décimales qu'au diviseur; la virgule étant supprimée dans l'un et dans l'autre, je considère ces deux nombres comme exprimant des entiers; pour avoir des millièmes au quotient, j'écris trois zéros à droite du dividende, et j'ai 653760,000 à diviser par 52947.

Opération.		*Preuve.*
65376.0,000	52 947	52 947
12429 0	12,347	12,347
1839 6 0		370 629
251 1 90		2117 88.
39 4 020		15884 1..
2 3 391		105894 ...
		52947. ...
	Reste	23 391
		653760,000

Q. 34. On propose de partager 0 fr. 35 centimes entre 56 personnes : quelle sera la part de chacune, à moins d'un millième d'unité près? *R.* 0 fr. 006 millièm.

Opération.

0,350	56
14	0, fr. 006 millièmes.

Q. 35. Un négociant de Bruxelles a fait une emplète de 546 kilogrammes 9 hectogrammes et 6 décagrammes de laine d'Espagne pour 946 fr. 7 décimes et 6 centimes : à combien lui revient le kilogramme de laine? *R.* 1 fr. 73 cent.

Opération.   *Preuve.*

94676   {   54696   54696
399800   {   ——————   1,73
169280   {   1 fr. 73   ——————————
  5192   *Reste.*   1640 88
                                   38287 2.
                                   54696 ..
                                   —————————
                                      51 92 *Reste.*
                                   —————————
                                   94676,oo

R. Le kilogramme de laine coûtera 1 fr. 73 cent.

Q. 36. Un commissionnaire pour les vins a acheté pour son commettant à Paris, 296 kilolitres de vin de Mâcon, qui lui ont coûté 28652 francs 80 centimes : on demande combien coûte le kilolitre?

R. 96 francs 8 décimes.

Opération.

286528.0   {   29 600
 20128 0   {   ——————
  2368 oo   {   96,8

. . . . . .

Le kilolitre reviendra à 96 francs 8 décimes.

Q. 37. Six pièces de drap, qui contenaient 324 mètres, ont été vendues 11858 francs 40 centimes : à combien revient le mètre? *R.* 36 fr. 6 décimes.

Opération.   *Preuve.*

118584.0   {   32 400   324
 21384 0   {   ——————   36 liv. 12
  1944 00 {   36.6 déc.   ——————————
. . . .   1944
                                  972.
                                  194   8
                                 ——————————————
                                 11858   12

MOYENS D'ABRÉGER LA DIVISION.

D. Ne peut-on pas abréger la division ?

R. On le peut, 1° lorsque le diviseur est un chiffre seul, 2° lorsque le diviseur est formé de deux facteurs chacun d'un seul chiffre; 3° en retranchant un même nombre de zéros à la droite du dividende et du diviseur; 4° lorsque le diviseur est l'unité suivie d'un ou de plusieurs zéros.

Exemples du premier cas.

Q. 38. On demande combien il y a d'écus de 6 fr. dans 964 francs.

Prenez le sixième de 924 francs

Il viendra. . . . . 154 écus.

Q. 39. Partagez 94568 francs entre 8 personnes, prenez le huitième, 11821 francs pour chaque personne.

Exemples du second cas.

Q. 40. On veut partager 98424 francs entre 72 personnes, quelle sera la part de chacune?

R. 1367 francs. Les facteurs de 72 sont 8 et 9, parce que 8 $\times$ par 9 = 72.

$$98424$$

Le $\frac{1}{9}$ 10936

Le $\frac{1}{8}$ 1367

Exemples du troisième cas.

Q. 41. Un marchand a acheté 3700 aunes de siamoise, qui lui ont coûté 14800 francs. On demande à combien lui revient l'aune ? *R*. 4 francs.

Il faut retrancher autant de zéros au dividende qu'au diviseur, et faire l'opération à l'ordinaire.

Opération.

$$148.\phi\phi \;\big(\; 37.\phi\phi$$
$$\quad 00 \qquad \big(\; 4 \text{ francs.}$$

Q. 42. Un directeur des ponts et chaussées a 58500 mètres de pavé à faire faire en différens endroits, il veut y employer 1300 ouvriers : on voudrait savoir combien chaque ouvrier aura de mètres à faire ? *R.* 45.

Opération.		*Preuve.*
$58.5.\phi\phi \;\big(\; 13\phi\phi$		1300
$\quad 6\;5 \qquad \big(\; 45$		45
$\quad 0\;0$		6500
		5200.
		58500

Exemples du quatrième cas.

Il faut retrancher autant de chiffres de la droite du dividende qu'il y a de zéros au diviseur, et les chiffres retranchés forment le restant.

Q. 43. Si on partage 3476 fr. entre 10 personnes, combien auront-elles chacune?

R. 347 francs, et 6 fr. de reste.

Q. 44. Partagez 78436 francs en 100 parties égales, ou divisez-les par 100.

R. 784 francs, et 36 fr. de reste.

Q. 45. On veut faire embarquer 68430 hommes sur plusieurs vaisseaux, on demande combien il en faudra si chaque vaisseau porte 1000 hommes.

R. 68 vaisseaux; il restera 430 hommes à terre.

DES PROPORTIONS,

OU RÈGLES DE TROIS.

——

D. Qu'est-ce qu'une proportion?

R. C'est l'égalité de deux rapports.

D. Combien y a-t-il de termes dans une proportion?

R. Il y en a quatre, dont le premier et le troisième se nomment *antécédens.*, et le deuxième et le quatrième *conséquens*; le premier et le dernier se nomment aussi *extrêmes*, et les deux du milieu *moyens*.

D. Pourquoi appelle-t-on cette règle *règle de trois?*

R. C'est parce que, des quatre termes qui la composent, trois seulement, étant connus, servent à découvrir le quatrième.

D. Qu'est-ce qu'un rapport?

R. C'est le résultat de la comparaison de deux nombres de même espèce, ou bien c'est le nombre de fois qu'un nombre en contient un autre; ainsi le rapport de 12 à 4 est 3, parce que 12 contient 4 trois fois; de même le rapport de 5 à 15 est $\frac{1}{3}$, parce que 5 est le $\frac{1}{3}$ de 15.

D. De quoi est donc composée la proportion en usage dans les règles de trois?

R. Elle est composée de deux rapports égaux; ainsi ces quatre nombres 12, 3, 20 et 5 peuvent former une proportion, parce qu'il y a même rapport entre 12 et 3 qu'entre 20 et 5 : une proportion s'écrit ainsi : 12 : 3 :: 20 : 5, que l'on prononce, 12 est à 3 comme 20 est à 5.

D. Quelle est la propriété des proportions?

R. La propriété fondamentale des proportions dont nous parlons ici, c'est que le produit des extrêmes est égal au produit des moyens : ainsi, dans la proportion ci-dessus $12 \times 5 = 60$, et $3 \times$ par $20 = 60$; c'est-à-dire : 12 multiplié par 5 égale 60, et 3 multiplié par 20 égale 60.

D. Ne peut-on pas changer la place des termes de proportion sans la troubler?

R. Oui, on peut faire autant de changemens qu'il y a de termes, en mettant les extrêmes à la place des moyens, et en changeant la place des extrêmes, comme on le voit ci-après, où le produit des extrêmes est toujours égal à celui des moyens, c'est-à-dire 60.

$$12 : 3 :: 20 : 5$$
$$5 : 20 :: 3 : 12$$
$$3 : 12 :: 5 : 20$$
$$20 : 5 :: 12 : 3$$

Ces quatre changemens peuvent donner lieu à quatre questions différentes, comme on le verra ci-après.

D. Que résulte-t-il de ce qu'on vient d'exposer?

R. Que, pour avoir un extrême inconnu, il faut faire le produit des moyens et le diviser par l'extrême connu; de même, pour avoir un moyen inconnu, il faut faire le produit des extrêmes, et le diviser par le moyen connu; le quotient donnera le terme demandé.

D. Quelles opérations peut-on faire sur les différens termes d'une proportion?

R. On peut multiplier ou diviser le premier et le second, ou le premier et le troisième par un même nombre, sans troubler la proportion, la réponse sera toujours la même : ceci sert à simplifier et à abréger les règles de trois; ainsi, si on a cette proportion, $18 : 15 :: 54 : x$, en prenant le tiers du premier et du second terme, on aura $6 : 5 :: 54 : x$; et si on prend le sixième du premier et du troisième de celle-ci, on aura : $1 : 5 :: 9 : x$. Dans ces proportions, le quatrième terme sera toujours le même, c'est-à-dire 45.

D. Quand le terme inconnu est le quatrième, que faut-il faire pour le découvrir?

R. Il faut toujours multiplier le second par le troisième, et diviser le produit par le premier, le quotient donnera le quatrième.

DE LA RÈGLE DE TROIS DIRECTE SIMPLE.

D. Comment appelle-t-on les termes d'une règle de trois?

R. Les choses exprimées par les nombres que nous avons nommés ci-dessus *antécédens* et *conséquens* sont dites *causes* et *effets*.

On appelle *cause* ce qui produit un effet; et on nomme *effet* ce qui résulte d'une cause.

D. Qu'est-ce que la règle de trois directe simple?

R. C'est une opération à laquelle donne lieu l'énoncé d'une question qui renferme quatre termes, dont trois sont connus, et dans laquelle la première cause contient la seconde de la même manière que le premier effet contient le second : c'est-à-dire, que la première cause : la deuxième :: le premier effet : au deuxième effet.

Q. 46. Si 9 mètres de drap coûtent 144 francs, combien coûteront 30 mètres du même drap?

R. 480 francs.

Il est clair, par l'état de la question, que le nombre de francs doit augmenter à proportion du nombre de mètres, dont on ignore le prix ; en sorte que, si le nombre 30 contient deux fois, trois fois, quatre fois, etc., le nombre 9, le nombre cherché contiendra aussi deux fois, trois fois, quatre fois, etc., le nombre 144 francs.

Opération.

1re cause. 2e cause. 1er effet. 2e effet.

$$9 \ : \ 30 \ :: \ 144 \text{ fr.} \ : \ x$$
$$\times \ 30$$

$$43.20 \quad | \ 9$$
$$7 \ 2 \quad | \ \overline{480 \text{ francs.}}$$
$$00 \ 0$$

La preuve de la règle de trois se fait par une autre règle de trois, en prenant pour premier terme le second de la règle, et pour second le premier de la règle ; le troisième sera celui qu'on aura eu pour réponse : si l'opération est bien faite, on aura pour quatrième terme le troisième de la règle. Prenons pour exemple l'opération de la question précédente.

Preuve.

2e terme. 1er terme. 4e terme.

$$30 \quad : 9 :: 480 : x$$

$$\times \quad 9$$

$$43.20 \ \Big\{ \ 30$$

$$13\,2 \ \Big\{ \ 144 \text{ troisième terme de la règle.}$$

$$1\ 20$$

$$0\ 00$$

Q. 47. Un tailleur a acheté 18 mètres de serge qui lui ont coûté 54 francs; il lui en faut encore 15 mètres, combien lui coûteront-ils? *R.* 45 francs.

Opération.

$$18 : 15 :: 54 : x$$

$$54$$

$$\overline{}$$

$$60$$

$$75$$

$$\overline{}$$

$$81.0 \ \Big\{ \ 18$$

$$09\,0 \ \Big\{ \ \overline{45 \text{ fr.}}$$

$$0\ 0$$

Ou bien en prenant le $\frac{1}{3}$ du premier et du second terme.

$$6 : 6 :: 54 : x$$

et le $\frac{1}{6}$ du 1er et du 3e.

$$1 : 5 :: 9 : x$$

$$9$$

$$\overline{}$$

45 francs.

On voit ici que l'opération se réduit à une seule multiplication, parce que le premier terme est l'unité.

D. Ne peut-on pas faire la preuve d'une autre manière?

R. On peut la faire par autant d'opérations qu'il y a de termes dans la question, en considérant successivement comme inconnu un des nombres de la question proposée.

Q. 48. Un coutelier a vendu 15 canifs à manches d'ivoire et à trois lames, pour lesquels il a reçu 45 fr. il lui en reste encore 18 ; combien recevra-t-il à proportion, s'il les vend au même prix ? *R*. 54 francs.

Opération[*].

$$15 : 18 :: 45 : x$$

```
15 : 18 :: 45 : x
         45
       ____
         90
         72
       _____
        810 { 15
        060 { 54 francs.
         00
```

Q. 49. Un maître maçon a employé 15 ouvriers pour faire un mur qui contient 105 mètres ; on demande combien 47 ouvriers en feraient pendant le même temps ? *R*. 329.

Opération.

$$15 : 47 :: 105 : x$$

```
15 : 47 :: 105 : x
        105
       _____
        235
        470
       ______
       4935 { 15
         43 { 329
        135
         00
```

Q. 50. Il a fallu 47 ouvriers pour faire 329 habits en 10 jours, combien en faudra-t-il pour en faire encore 105 pendant le même temps ? *R*. 15 ouvriers.
Solution, $329 : 105 :: 47 : x = 15$ ouvriers.

---

[*] Cette opération est la preuve de la précédente.

Q. 51. Un maître cordonnier, qui avait 8 ouvriers, a fait faire 329 paires de souliers en 47 jours; combien, à proportion, en fera-t-il faire en 15 jours, en employant un même nombre d'ouvriers? *R.* 105 paires. Solution, $47 : 15 :: 329 : x = 105$ paires.

Q. 52. Un voyageur a fait 105 kilomètres en 15 jours, combien lui faudra-t-il de jours pour en faire 329, s'il peut continuer de marcher avec la même vitesse? *R.* 47 jours.

Opération.

$105 : 329 :: 15 : x$

15
─────
1645
329.
─────
4935 ⎰ 105
0735 ⎱ 47 jours.
000

On voit, par les dernières questions, qu'on peut en proposer autant qu'il y a de nombres dans la première, et qu'elles se servent de preuve l'une à l'autre; il faut aussi observer que, dans les questions 50 et 51, il y a un nombre superflu, et c'est ce qui arrive quand un nombre est seul de son espèce, et qu'il n'est point de l'espèce du nombre demandé.

D. 53. Quelle est la hauteur d'une tour qui donne 20 mètres d'ombre lorsqu'en même temps 6 mètres en donnent 2? *R.* 60 mètres.

Opération.

$2 : 6 :: 20 : x$

20
─────
120 ⎰ 2
00 ⎱ 60 mètres.

Q. 54. Une garnison de 5oo hommes a des vivres pour 4100 francs ; on augmente cette garnison de 315 hommes : de combien, à proportion, faudra-t-il augmenter la somme des vivres ? *R*. 2583 francs.

Opération.

$$5o2 : 41oo :: 315 : x = 2583$$
$$\text{ou } 5 : 41 :: 315 : x$$

315
____

2o5

41.

123..
____

12915) 5
____

29 | 2583

41

15

oo

Q. 55. Trois pièces de toile de Hollande ont coûté 738 francs 9 décimes ; on demande combien elles contiennent de mètres, lorsque 82 francs 1 décime sont le prix de 11 mètres. *R*. 99 mètres.

Opération.
$$821 : 11 :: 7389 : x$$

11
____

7389

7389'.
____

8127.9 (821

738 9 (99m

oo o

Pour faire cette opération, nous avons supprimé la virgule des premier et troisième termes pour faire disparaître les décimes, comme nous l'avons dit ci-dessus, aux multiplications.

Q. 56. En 15 jours un maçon a fait 23 mètres de

cloison en brique ; un autre maçon, pendant 160 jours, a fait 224 mètres du même ouvrage, quel est celui qui a le plus travaillé au prorata du temps qu'il a employé ? Le premier a fait deux mètres de cloison de plus que le second.

Opération.

$$160 : 224 :: 15 : x$$

Soustraire 23 mètres.
de   21 mètres.

$$
\begin{array}{r}
15 \\
\hline
1120 \\
224. \\
\hline
3360 \\
160 \\
\hline
000
\end{array}
\qquad
\begin{array}{c|c}
160 \\
\hline
21
\end{array}
$$

.2

Mon opération étant faite, je trouve au quotient 21 mètres qu'il faut soustraire de 23 ; la différence étant 2, prouve que le premier maçon a fait 2 mètres de cloison de plus que le second.

RÈGLE DE TROIS COMPOSÉE ET DIRECTE.

D. Qu'est-ce que la règle de trois composée ?

R. C'est celle qui en renferme plusieurs directes simples.

D. Que faut-il observer pour résoudre ces sortes de règles ?

R. Il faut faire autant d'opérations qu'il y a de termes homogènes pris deux à deux ; la première règle aura pour ses deux premiers termes deux termes de même espèce, et pour troisième terme le nombre qui est de l'espèce du terme demandé; la seconde aura pour ses deux premiers termes deux autres nombres de même espèce entre eux, et pour la réponse de la première règle, s'il n'y a que deux règles, celle-ci donnera la réponse; s'il y en avait davantage, on continuerait toujours de même, prenant pour les deux premiers termes deux nombres de même espèce, et pour troisième la réponse de la règle précédente.

Q. 57. Un maître maçon a fait travailler 15 ouvriers qui, en 12 jours, ont fait 150 mètres d'ouvrage, combien 18 ouvriers en feront-ils en travaillant seulement 3 jours? *R.* 45 mètres.

Opération.

1re proportion.	2e proportion.

1re proportion.   2e proportion.

$$15 : 18 :: 150 \text{ mèt.} : x \qquad 12 : 3 :: 180 \text{ mèt.} : x$$

$$
\begin{array}{ll}
150 & 180 \\
\hline
900 & 540 \\
18 & 60 \\
\hline
2700 & 00 \\
120 & \\
00 &
\end{array}
$$

15
——
180 mètres.

12
——
45 mètres.

La méthode que nous venons de suivre étant très-longue, on peut l'abréger : après avoir déterminé le troisième terme, on cherche, par le même raisonnement que ci-dessus, toutes les règles qu'exige la question proposée, et, sans les opérer chacune en particulier, on fait le produit des antécédens et celui des conséquens; ces deux produits seront les premiers de la règle ; par exemple, si l'on a cette question, 6 hommes en 8 jours, travaillant 9 heures par jour, ont fait 48 mètres d'une certaine étoffe, on demande combien 4 ouvriers en pourront faire de mètres en 5 jours, travaillant 10 heures par jour.

Cette question donne les trois proportions suivantes :

Opération.

6 hommes : 4 hommes :: 48 mètres : x
8 jours   : 5 jours   :: x : y
9 heures   : 10 heures :: y : R.

On peut réduire ces trois opérations en celle-ci.

$$6 \times 8 \times 9 : 4 \times 5 \times 10 :: 48 : x$$

ou $432 : 200 :: 48 : x = 22$ mètres 22 centimètres. Le reste est peu de chose.

Q. 58. Un bourgeois a fait tapisser une salle de 10 mètres de long sur 8 de large pour 135 francs ; on demande combien il lui en aurait coûté si la salle avait été aussi large que longue. R. 168 fr. 75 cent.

Solution, $8 \times 10 : 10 \times 10 :: 135 : x = 168$ francs 75 centimes, ou $8 : 10 :: 135 : x$.

RÈGLE DE TROIS INVERSE.

D. Qu'est-ce que la règle de trois inverse ?

R. C'est celle où les causes sont en raison inverse de leurs effets, c'est-à-dire, que la plus grande cause produit un plus petit effet, et la plus petite cause un plus grand effet.

D. Comment s'opère la règle inverse ?

R. Comme la directe, en multipliant le deuxième terme par le troisième, et divisant par le premier.

D. Qu'y a-t-il donc à observer dans la règle inverse?

R. C'est de mettre au premier terme la cause dont l'effet est inconnu, ou l'effet dont la cause est inconnue.

Q. 59. Il a fallu 15 ouvriers pour faire un certain ouvrage en 6 jours : combien faudrait-il de jours à 5 ouvriers pour faire le même ouvrage? *R*. 18 jours.

Opération.

2ᵉ cause. 1ʳᵉ cause. 1ᵉʳ effet. 2ᵉ effet.

$$5 : 15 :: 6 : x = 18$$

Il est évident que moins il y aura d'ouvriers, plus il leur faudra de jours pour faire le même ouvrage; la règle est donc inverse; ainsi il faut dire, la 2ᵉ cause : à la 1ʳᵉ cause :: le 1ʳᵉ effet : au 2ᵉ effet.

Q. 60. On a employé 8 ouvriers pour faire un ouvrage en 15 jours; combien faudrait-il d'ouvriers pour faire le même ouvrage en 5 jours? *R*. 24 ouvriers.

Si on veut que l'ouvrage soit plus tôt fait, il faut donc plus d'ouvriers, la règle est donc inverse; ainsi on dira :

Opération.

$$5 \text{ jours} : 15 \text{ jours} :: 8 \text{ ouvriers} : x$$

Q. 61. Un capitaine a de l'argent pour soudoyer 400 hommes pendant 3 mois, en donnant à chacun

75 centimes par jour ; mais comme il a besoin de sa troupe pendant 5 mois, combien doit-il leur donner de paie ? *R*. 45 centimes.

Opération.

$$5 : 3 :: 0{,}75 : x$$

        0,75
   ――――――――
    2 25   ⎰ 5 00
             ⎱ ――――――――
    2 250   ⎰ 0,45 *R*. 45 centimes.
    2500
     .000

Ayant multiplié 3 par 75 centimes, le produit est par conséquent 225 centimes à diviser par 5 entiers ; mais, pour avoir la vraie réponse, d'après les principes enseignés ci-dessus, il faut deux zéros au diviseur, pour en faire des parties d'entiers, et nous avons pour réponse que le capitaine donnera à chaque soldat 45 centimes par jour.

Q. 62. Un particulier a fait lambrisser les appartemens de sa maison de campagne ; le menuisier qui a fait cet ouvrage ne travaillait que 8 heures par jour, et en 6 mois il a fait 75 mètres carrés de lambris : on demande combien il faudrait que le même ouvrier travaillât d'heures par jour pour faire encore autant du même ouvrage en 4 mois. *R*. 12 heures.

On aperçoit que 75 mètres sont superflus dans cette question.

Opération.

$$4 : 8 :: 6 : x$$

           6
      ――――――――
       48   ⎰ 4
            ⎱ ――――――
       08   ⎰ 12
       00

5

Q. 63. 6oo hommes qui s'étaient enfermés dans un fort assiégé ont consommé la moitié de leurs vivres en 6o jours ; mais comme les assiégeans s'opiniâtrent à leur attaque, le commandant a trouvé moyen de faire sortir 2oo hommes, afin de ménager les vivres : on demande combien les 4oo hommes qui restent pourront subsister de temps avec l'autre moitié des vivres, en recevant la même ration. *R.* 9o jours.

Opération.

$$400 : 600 :: 60 : x$$
$$60$$
$$\overline{\qquad\qquad}$$
$$36000 \left\{ \begin{array}{l} 400 \\ \overline{\qquad} \\ 90 \text{ jours.} \end{array} \right.$$
$$0000$$

Q. 64. Dans une garnison, il y a 12000 hommes pourvus de vivres pour 3 mois ; si l'on voulait faire durer les vivres 4 mois en donnant la même ration, combien faudrait-il faire sortir d'hommes de la place ?
R. 3ooo.

Opération.

$$4 : 3 :: 12000 : x$$
$$3$$
$$\overline{\qquad\qquad}$$
$$36000 \left\{ \begin{array}{l} 4 \\ \overline{\qquad} \\ 9000 \end{array} \right.$$
$$000$$

On ne pourra nourrir que 9000 hommes ; il faut donc en renvoyer 3000 : car 12000 — 9000 = 3000.

Q. 65. Pour transporter 745 myriagrammes l'espace de 4o myriamètres, on a payé 292 fr. 9 décimes et 3 centimes, on demande à combien de myriamètres on fera conduire 423 myriagrammes pour la même somme. *R.* 70,449.

Solution. $423 : 745 :: 40 : x = 70,449.$

Q. 66. Un architecte propose de construire une maison en 88 jours, en employant 24 ouvriers; mais, comme cet ouvrage presse, on demande combien il lui faudrait de jours pour faire cette maison, s'il mettait 36 ouvriers? *R.* 58 jours 66 centièmes.

Solution. $36 : 24 :: 88 : x = 58,66$.

Q. 67. Un particulier, marchant continuellement 6 heures par jour, a fait 64 myriamètres en 12 jours; combien faudrait-il de jours à ce même particulier pour en faire autant en marchant 8 heures par jour?

R. 9 jours.

Solution. $8 : 6 :: 12 : x = 9$ jours.

Remarque. Au moyen de toutes ces règles et questions que nous avons proposées relativement à la règle de trois, on pourra facilement faire celles que nous nommons inverses, doubles composées, en y appliquant les mêmes raisonnemens.

RÈGLE DE SOCIÉTÉ.

D. Qu'est-ce que la règle de société?

R. C'est une opération qui sert à partager entre plusieurs associés le profit ou la perte qui résulte de leur société.

D. Comment se fait ce partage?

R. Il se fait en parties proportionnelles aux mises des associés, et au temps que leur argent est resté dans la société ; ce qui se fait par plusieurs règles de trois directes.

D. Quels sont les termes de ces règles de trois ?

R. Le premier terme est la somme des mises, le second la somme que l'on veut partager, les troisièmes termes sont les mises particulières ; les quatrièmes termes donnent la part de chaque associé.

Q. 68. Trois marchands de bois ont acheté une petite coupe de bois ; le premier y a contribué pour 275 francs, le second pour 475 francs, le troisième pour 500 francs ; à ce marché ils ont gagné 150 fr. : on demande quel sera le gain de chacun à proportion de sa mise.

Opération.

Mises des associés.

du 1ᵉʳ 275 francs.
du 2ᵉ 475
du 3ᵉ 500
————
1250 somme des mises.

1ʳᵉ Opération.

$$1250 : 150 :: 275 : x$$

$$275$$
————
$$750$$
$$1050.$$
$$300..$$
————
$$41250 \{ 1250$$
$$03750 \{ 33 \text{ f. gain du 1ᵉʳ.}$$
$$000$$

2ᵉ Opération.

$$1250 : 150 :: 475 : x$$

$$475$$
————
$$750$$
$$1050.$$
$$600..$$
————
$$71250 \{ 1250$$
$$.8750 \{ 57 \text{ f. gain du 2ᵉ}$$
$$...00$$

3ᵉ Opération.

$$1250 : 150 :: 500 : x$$

$$500$$
————
$$75000 \{ 1250$$
$$00000 \{ 60 \text{ f. gain du 3ᵉ.}$$

Récapitulation des gains de chacun.

Gain du 1ᵉʳ . . . .   33 francs.
     du 2ᵉ   57
     du 3ᵉ   60
                          ——————
                          150 francs.

Ce qui fait la preuve.

Q. 69. Trois personnes se sont associées ensemble :
la première a mis 36 francs, la seconde 24 francs, et
la troisième 18 francs. Elles ont gagné 30 francs : on
demande combien il revient à chacune, à proportion
de sa mise ?

Opération.

Mises.   Le premier.   36
         Le second.   24
         Le troisième.   18
                              ——————
         Mise générale. . .   78 francs.

78 : 30 :: 36 : R. = 13 francs 85 centimes.
        :: 24 : R. =   9   23
        :: 18 : R. =   6   92
                          —————— ——————
         Preuve.   30 francs 00 centimes.

Q. 70. Quatre négocians ont fait un armement,
dans lequel le premier a mis 8500 francs, le second
6400 francs, le troisième 4860 francs, et le quatrième
9440 francs ; ils ont gagné, tous frais faits, 12600 fr.,
combien reviendra-t-il de bénéfice à chaque armateur ?

Opération.

Le 1ᵉʳ a mis. . . . .   8500 francs.
Le 2ᵉ a mis.   6400
Le 3ᵉ a mis.   4860
Le 4ᵉ a mis.   9440
                              ——————
                              29200 francs.

$$29200 : 12600 :: 8500 : R. = 3667,80$$
$$:: 6400 : R. = 2761,64$$
$$:: 4860 : R. = 2097,12$$
$$:: 9440 : R. = 4073,42$$

Produit du reste. 2
$$\overline{\text{Preuve.} \quad 12600,00}$$

Q. 71. Un homme en mourant est débiteur de 7500 francs à trois créanciers : au premier de 3000 fr., au second de 2625 francs, et au troisième de 1875 fr.; il laisse seulement en argent et effets 4500 fr. On voudrait savoir combien chaque créancier doit avoir de cette somme à proportion de sa créance.

Solution. Puisque 7500 fr. se réduisent à 4500 fr., il s'agit de trouver à quoi se réduira chaque somme des créanciers.

Opération.

$$7500 : 4500 :: 3000 \quad : R. = 1800 \text{ fr. pour le } 1^{er}.$$
$$:: 2625 \quad R. = 1575 \quad \text{pour le } 2^{e}.$$
$$1875 \quad R. = 1125 \quad \text{pour le } 3^{e}.$$

$$\text{Preuve.} \quad \overline{4500}$$

Q. 72. Quatre marchands se sont associés et ont fait un fonds de 45000 francs, auquel ils ont contribué inégalement : à la fin de la société, ce fonds se trouve augmenté de 26877 fr. Or le premier doit avoir 13 parts, le second 11, le troisième 8, et le quatrième 7; on demande quelle sera la part de chaque associé.

Le 1er. . . . . . . 13 parts.
Le 2e.. 11
Le 3e.. 8
Le 4e.. 7
$$\overline{39}$$

Addition du fonds et du gain.

$$45000$$
$$26877$$
$$\overline{71877 \text{ francs.}}$$

$39 : 71877 :: 13 : R. = 23959$ fr. gain du 1er.
$:: 11 : R. = 20273$ .du 2e.
$:: 8 : R. = 14744$ du 3e.
$:: 7 : R. = 12901$ du 4e.
Preuve. $\overline{71877}$

DE LA RÈGLE DE SOCIÉTÉ COMPOSÉE.

D. En quoi cette règle diffère-t-elle de la précédente?

R. Toute la différence consiste à multiplier la mise de chaque associé par le temps qu'il l'a laissée dans la société, et la somme de toutes les mises ainsi multipliées représentera le fonds de là société.

Q. 73. Trois négocians ont à partager le gain qu'ils ont fait dans le commerce, qui est de 6000 francs : le premier a mis 3000 francs pour 12 mois ; le second 750 francs pour 10 mois ; le troisième a mis 500 fr. pour 6 mois; combien revient-il à chacun à proportion de sa mise et du temps qu'elle est restée dans le commerce ?

$$3000 \times 12 \text{ mois} = 36000$$
$$750 \times 10 \text{ mois} = 7500$$
$$500 \times 6 \text{ mois} = 3000$$

Somme des mises. $\overline{46500}$

$$46500 : 6000 :: 36000 : x = 4645,16$$
$$:: 7500 : x = 967,74$$
$$:: 3000 : x = 387,10$$

Preuve.   6000,00

Q. 74. Deux personnes se sont associées dans le commerce : la première a mis d'abord 100 fr. pour trois ans, puis 250 francs pour deux ans, et enfin 125 francs pour un an ; la deuxième a mis 350 francs pour quatre ans, et 400 francs pour trois ans. Le gain total est de 4500 francs, combien chacune doit-elle avoir à proportion de ses mises et du temps que l'argent a resté dans la société ?

100×3 ans $= 300$ fr.

250×2 ans $= 500$ 350×4 ans $= 1400$ fr.

125×1 an $= 125$ 400×3 ans $= 1200$

Mise de la 1re   925   Mise de la 2e   2600

Mise de la 2e   2600

Somme des mises. $3525 : 4500 :: 925 : x = 1180,85$
$$:: 2600 : x = 3319,15$$

Preuve.   4500,00

DE LA RÈGLE D'INTÉRÊT.

D. Qu'est-ce que la règle d'intérêt ?

R. C'est une opération que l'on fait pour connaître la rente que produit un capital placé à un denier quelconque, ou à tant pour cent.

D. En combien de manières peut-on placer son argent ?

R. En deux manières : 1° à un tel denier, par

exemple, au denier 25, 20, c'est-à-dire que, pour chaque 25 francs, ou 20 francs que l'on place, on retire un franc au bout d'un an ; 2° à tant pour cent, par exemple, à 4, à 5, etc., c'est-à-dire que pour chaque 100 francs de capital on recevra au bout d'un an 4 fr. ou 5 fr. ; c'est ce qui s'appelle la rente.

Q. 75. Un ouvrier, ayant amassé 1500 fr. par ses épargnes, veut se faire une rente ; pour cela, il place son argent à constitution au denier 20 : on demande quelle sera sa rente annuelle.

Opération.

$$20 : 1500 :: 1 : x$$

$$\frac{1}{1500} \left\{ \begin{array}{l} 20 \\ \hline 75 \end{array} \right.$$

100

000

Q. 76. On demande quelle sera la rente annuelle d'un particulier qui a fait un contrat de constitution de 13815 francs au denier 25. *R.* 552 fr. 6 décimes.

$$25 : 13815 :: 1 : x$$

$$\begin{array}{l} 1 \\ 13815 \left\{ \begin{array}{l} 25 \\ \hline 552{,}6 \text{ décimes.} \end{array} \right. \\ 131 \\ .65 \\ 150 \\ 00 \end{array}$$

Q. 77. Je voudrais savoir quel capital il faudra placer à 4 pour $\frac{0}{0}$ afin de se faire une rente annuelle de 552 francs 6 décimes. *R.* 13815 francs.

Puisque 4 est comme la rente de 100 francs, j'aurai cette proportion :

$$4 : 100 :: 552,6 : x$$

$$100$$

$$55260,0 \left\{ \begin{array}{l} 40 \\ \hline 13815 \text{ francs, capital.} \end{array} \right.$$

$$
\begin{array}{l}
152 \\
326 \\
060 \\
200 \\
000
\end{array}
$$

Q. 78. Combien recevrai-je au bout d'un an et demi, si je place 4620 fr. au denier 25 ? *R.* 277,2 déc.

Opération.

$$25 : 4620 :: 1 : x$$

$$1$$

$$4620 \left\{ 25 \right.$$

$$
\begin{array}{ll}
212 & 184,8 \text{ rente d'un an.} \\
120 & 92,4 \text{ rente de six mois.} \\
200 & 277,2 \text{ *réponse*.} \\
00 &
\end{array}
$$

Ou bien, 12 mois : 18 mois :: 184,8 : $x = 277$ fr. 2 décimes.

Q. 79. Un officier a placé 24200 fr. au denier 24; il s'est absenté pendant sept ans : combien doit-il recevoir pour les rentes échues?

Solution. 24 : 24200 :: 7 : $x = 7058$ francs 33 centimes.

Q. 80. Un particulier, ayant contracté une dette de 7058,33 centimes, veut l'acquitter en 7 ans, à quel denier doit-il placer un capital destiné à faire ce paiement, lequel capital est de 24200 francs?

Solution. 7058,33 : 24200 :: 7 : $x = 24$, denier.

DES FRACTIONS.

D. Qu'est-ce qu'une fraction ?

R. C'est une ou plusieurs parties de l'unité partagée en un nombre quelconque de parties égales.

D. Comment exprime-t-on les fractions ?

R. Par deux nombres placés l'un au-dessus de l'autre, et séparés par une ligne : tels sont $\frac{1}{2}, \frac{2}{3}, \frac{4}{5}, \frac{7}{4}, \frac{1}{8}$, etc., que l'on énonce en disant un demi, deux tiers, quatre cinquièmes, sept quarts, un huitième, etc.

D. Comment appelle-t-on les deux termes d'une fraction ?

R. Le terme supérieur se nomme *numérateur*, et le terme inférieur *dénominateur*.

D. Que marquent ces deux termes ?

R. Le numérateur marque combien la fraction contient de parties de l'unité, et le dénominateur en combien de parties égales l'unité est divisée : ainsi cette fraction $\frac{3}{4}$ marque que l'unité est partagée en quatre parties égales, et qu'on a trois de ces parties. Si donc je coupe une pomme en quatre parties égales, et que j'en retienne trois morceaux, j'aurai les trois quarts de la pomme, ce qui se marque par cette fraction $\frac{3}{4}$.

D. Comment peut-on considérer une fraction ?

R. Comme une division, dont le numérateur est le dividende, et le dénominateur le diviseur.

D. Que peut-on conclure de là ?

R. Les mêmes conséquences qu'on a tirées de la définition de la division ; savoir :

1° Lorsque le numérateur égale le dénominateur, la fraction vaut un entier, ou l'unité ;

2° Lorsque le numérateur est plus petit que le dénominateur, la fraction est plus petite que l'unité ;

3° Lorsque le numérateur est plus grand que le dénominateur, la fraction est plus grande que l'unité.

4° Plus le numérateur est petit, le dénominateur restant le même, plus la fraction est petite ; et plus le numérateur est grand, le dénominateur restant le même, plus la fraction est grande.

5° Au contraire, plus le dénominateur est petit, le numérateur restant le même, plus la fraction est grande ; et plus le dénominateur est grand, plus la fraction est petite.

6° Qu'il y a deux moyens de diviser une fraction : 1° en divisant son numérateur, 2° en multipliant son dénominateur ; et deux moyens de multiplier une fraction : 1° en multipliant son numérateur, et 2° en divisant son dénominateur.

7° Si l'on multiplie ou si l'on divise les deux termes d'une fraction par un même nombre, elle ne changera pas de valeur : ainsi $\frac{1}{2} = \frac{2}{4}$, $\frac{12}{16} = \frac{3}{4}$, $\frac{50}{100} = \frac{1}{2}$.

8° La fraction vaut autant d'unités que le numérateur contient de fois le dénominateur : ainsi $\frac{8}{4} = 2$, $= \frac{48}{12}$ 4, etc.

DES RÉDUCTIONS DE FRACTIONS.

D. Q'uest-ce que les réductions des fractions?

R. Ce sont divers changemens qu'on fait subir aux fractions, sans que pour cela elles changent de valeur.

D. Quelles sont les principales réductions?

R. Il y en a quatre. 1° Réduire des entiers, ou des entiers et fractions, en une seule fraction.

2° Réduire des fractions en entiers lorsqu'elles en contiennent;

3° Réduire les fractions à leur plus simple expression;

4° Réduire les fractions en même dénomination.

Première réduction.

On réduit des entiers en fractions en les multipliant par le dénominateur donné. Lorsqu'il y a une fraction jointe aux entiers, on ajoute le numérateur au produit.

Q. 81. Combien y a-t-il de quarts dans trois unités?

R. 12 quarts; car $3 \times 4 = 12$.

Q. 82. Réduisez 18 mètres en huitièmes.

Solution. $18 \times 8 = \frac{144}{8}$

Q. 83. On veut réduire $7 \frac{2}{3}$ en une seule fraction :
$$7 \times 3 = 21 \text{ plus } 2 = 23 \text{ donc } \frac{23}{3}.$$

Seconde réduction, preuve de la première.

Pour réduire les fractions en entiers, lorsqu'elles en contiennent, il faut diviser le numérateur par le dénominateur, le quotient donnera les unités; le reste, s'il y en a, sera le numérateur d'une fraction qui aura pour dénominateur celui de la fraction primitive.

Q. 84. Donnez-moi les entiers contenus dans $\frac{12}{4}$.

Solution. $12 \left\{\dfrac{4}{3}\right.$
            0

La réponse est donc trois unités.

Q. 85. Un tailleur a acheté en différentes fois 144 huitièmes de mètres de drap, combien cela fait-il de mètres? *R.* 18 mètres.

Solution. $144 \left\{\dfrac{8}{18 \text{ mètres.}}\right.$
            64
            00

Q. 86. Combien y a-t-il d'unités dans cette fraction $\frac{418}{19}$?

Solution. $418 \left\{\dfrac{19}{22 \text{ unités.}}\right.$
            38
            00

Troisième réduction.

Pour réduire une fraction à sa plus simple expression, il faut diviser ses deux termes par un même nombre, ou par le plus grand commun diviseur.

Q. 87. Réduisez les fractions $\frac{4}{8}$, $\frac{9}{12}$ et $\frac{30}{50}$ à leur plus simple expression? *R.* $\frac{1}{2}$, $\frac{3}{4}$, et $\frac{3}{5}$.

Ici on a pris le quart des deux termes de la première fraction, le tiers de ceux de la seconde, et le dixième de ceux de la troisième.

D. Qu'est-ce que le plus grand commun diviseur de deux nombres?

R. C'est le plus grand nombre qui les divise tous deux exactement et sans reste.

D. Que faut-il faire pour trouver le plus grand commun diviseur des deux termes d'une fraction ?

R. Il faut diviser le dénominateur par le numérateur ; s'il ne reste rien, ce sera le numérateur qui sera le plus grand commun diviseur ; s'il y a un reste, il faut diviser le premier diviseur par ce reste, et continuer ainsi la division jusqu'à ce qu'elle se fasse sans reste ; et le dernier diviseur qu'on aura employé sera le plus grand commun diviseur, par lequel il faudra diviser les deux termes de la fraction.

Q. 88. Quelle est la plus simple expression de $\frac{117}{1365}$?
R. $\frac{3}{35}$.

Opération.

$$1365 \left\{ \begin{array}{l} \quad 117 \\ \overline{11|39} \end{array} \right. \left\{ \begin{array}{l} 78 \\ \overline{1|0} \end{array} \right. \left\{ \begin{array}{l} 39 \text{ plus grand commun div}^\text{r}. \\ \overline{2} \end{array} \right.$$

$$117 \left\{ \begin{array}{l} 39 \\ \overline{3 \text{ nouveau N}^\text{r}.} \end{array} \right. \qquad 1365 \left\{ \begin{array}{l} 39 \\ \overline{35 \text{ nouveau D}^\text{r}.} \end{array} \right.$$

Quatrième réduction.

Pour réduire plusieurs fractions en même dénomination, il faut choisir un nombre qui puisse être divisé sans reste par chacun des dénominateurs, et en faire le dénominateur commun, le diviser par chaque dénominateur particulier, et multiplier les deux termes de chaque fraction par le quotient, on aura de nouvelles fractions égales aux premières.

Q. 89. Mettez en même dénomination les fractions suivantes, $\frac{1}{2}$, $\frac{2}{3}$ et $\frac{3}{4}$. *R*. $\frac{6}{12}$, $\frac{8}{12}$ et $\frac{9}{12}$.

Je vois que 12 est multiple de 2, de 3 et de 4, c'est-à-dire qu'il peut être divisé sans reste par chaque dénominateur ; j'en fais le dénominateur commun, et je fais l'opération suivante :

$$12 \text{ D. C.}$$

$$\frac{1}{2} \times 6 = \frac{6}{12}$$
$$\frac{2}{3} \times 4 = \frac{8}{12}$$
$$\frac{3}{4} \times 3 = \frac{9}{12}$$

D. Comment trouve-t-on le dénominateur commun en général?

R. En multipliant tous les dénominateurs l'un par l'autre : on peut se dispenser de multiplier par ceux qui sont sous-multiples de quelques autres.

Q. 90. On veut réduire ces fractions $\frac{2}{3}$, $\frac{4}{5}$, $\frac{5}{6}$, et $\frac{7}{8}$ en même dénomination.

$$\begin{array}{c} 6 \\ 5 \\ \hline 30 \\ 8 \\ \hline 240 \end{array}$$

$$240 \text{ D. C.}$$

$$\frac{2}{3} \times 80 = \frac{160}{240}$$
$$\frac{4}{5} \times 48 = \frac{192}{240}$$
$$\frac{5}{6} \times 40 = \frac{200}{240}$$
$$\frac{7}{8} \times 30 = \frac{210}{240}$$

Pour avoir le dénominateur commun, je n'ai pas multiplié par 3, parce qu'il est sous-multiple de 6.

DE L'ADDITION DES FRACTIONS.

D. Comment se fait l'addition des fractions?

R. En ajoutant ensemble tous les numérateurs quand les fractions sont en même dénomination ; si elles n'y sont pas, il faut les y mettre, ou les y réduire par la quatrième *réduction* : ensuite on divise la somme des numérateurs par le dénominateur commun, pour avoir les entiers qui s'y trouvent.

D. Comment fait-on la preuve de cette règle?

R. Par une autre addition de fractions qui ont pour dénominateurs les mêmes que ceux de la règle, et pour numérateurs ce qui manque aux numérateurs de la règle pour que chacun soit égal à son dénominateur. On fait la somme de ces fractions, que l'on joint à la somme des fractions de la règle, et le total donne autant d'unités qu'il y a de fractions dans la question, la règle est bien faite.

Q. 91. On demande combien il y a d'entiers ou d'unités dans les fractions suivantes, $\frac{1}{8}$, $\frac{3}{8}$, $\frac{5}{8}$, et $\frac{7}{8}$. *R.* 2.

Solution. $\frac{1}{8}$ *Preuve.* $\frac{7}{8}$
$\frac{3}{8}$ $\frac{5}{8}$
$\frac{5}{8}$ $\frac{3}{8}$
$\frac{7}{8}$ $\frac{1}{8}$

$16 \left\{ \dfrac{8}{\text{2 entiers.}} \right.$ .0 $16 \left\{ \dfrac{8}{\text{2 entiers, en tout 4.}} \right.$ .0

Q. 92. Un tailleur a quatre coupons de drap, savoir, $\frac{2}{3}$, $\frac{3}{4}$, $\frac{5}{6}$ et $\frac{1}{8}$. Il veut savoir combien il y a de mètres. *R.* $2\frac{3}{8}$.

24 D. C.   24 D. C.

Solut. $\frac{2}{3} \times 8 = \frac{16}{24}$ *Preuve.* $\frac{1}{3} \times 8 = \frac{8}{24}$
$\frac{3}{4} \times 6 = \frac{18}{24}$ $\frac{1}{4} \times 6 = \frac{6}{24}$
$\frac{5}{6} \times 4 = \frac{20}{24}$ $\frac{1}{6} \times 4 = \frac{4}{24}$
$\frac{1}{8} \times 3 = \frac{3}{24}$ $\frac{7}{8} \times 3 = \frac{21}{24}$

$57 \left\{ 24 \right.$ $39 \left\{ 24 \right.$
$9 \left\{ 2\frac{9}{24} \right.$ $15 \left\{ 1 \right.$
$1\frac{16}{24}$ somme de la preuve.

4

SOUSTRACTION DES FRACTIONS.

D. Que faut-il faire pour soustraire une fraction d'une autre fraction ?

R. Si les deux fractions ne sont pas en même dénomination, il faut les y réduire, puis retrancher un numérateur de l'autre, et donner au reste le dénominateur commun.

Q. 93. De $\frac{5}{6}$ ôtez $\frac{3}{6}$.

Solution. $5 - 3 = \frac{2}{6}$ ou $\frac{1}{3}$ *R.*

Q. 94. De $\frac{6}{9}$ ôtez $\frac{3}{9} = \frac{3}{9}$ ou $\frac{1}{3}$.

DE LA RÉDUCTION DES FRACTIONS

EN DÉCIMALES.

Pour réduire une fraction absolue en fraction décimale, il faut ajouter au numérateur autant de zéros qu'on veut avoir de chiffres décimaux, et le diviser par le dénominateur : on sépare du quotient autant de décimales qu'on a ajouté de zéros au numérateur, et, pour marquer ces décimales, on met au quotient, à la place des unités, un zéro qui est suivi d'une virgule.

Q. 95. On voudrait réduire $\frac{8}{25}$ en fraction décimale.
R. 0,32, ou $\frac{32}{100}$.

J'ajoute deux zéros au numérateur, et j'ai 800 à diviser par 25.

$$800 \left\{ \begin{array}{c} 2\,5 \\ \hline 0,32 \end{array} \right.$$
$$.50$$
$$00$$

Q. 96. Mettez en fraction décimale $\frac{53}{64}$ à moins d'un centième près. *R.* 0,82.

$$5300 \left\{ \begin{array}{c} 6\,4 \\ \hline 0,82 \end{array} \right.$$
$$180$$
$$52$$

On néglige le reste, qui est péu de chose, puisqu'il est moindre que $\frac{1}{100}$.

Q. 97. On propose de réduire $\frac{5}{9}$ en fraction décimale à moins d'un millième près.

$$5000 \left\{ \begin{array}{c} 9 \\ \hline 0,555 \end{array} \right.$$
$$50$$
$$50$$
$$5$$

Quand le numérateur contient des décimales, on le divise par le dénominateur, et on sépare du quotient autant de décimales qu'il y en a à ce numérateur.

Q. 98. Quelle est la valeur de cette fraction $\frac{23,546}{32}$ en décimales? *R.* 0,735.

$$23{,}546 \left\{ \begin{array}{c} 3\,2 \\ \hline 0,735 \end{array} \right.$$
$$1\,14$$
$$186$$
$$26$$

Si le numérateur ne peut être divisé par le dénominateur, il faut y ajouter autant de zéros qu'il en est besoin, et agir comme il vient d'être dit.

Q. 99. Quelle est la valeur de cette fraction $\frac{24}{437}$ en décimales? *R.* 0,005.

$$2{,}400 \left\{ \begin{array}{c} 4\,37 \\ \hline 0,005 \end{array} \right.$$
$$215$$

Q. 100. Quelle est la valeur de cette fraction $\frac{7}{8}$ en décimales ? *R.* 0,875 millièmes.

$$7 \left\{ \begin{array}{l} 8 \\ \hline 0,875 \end{array} \right.$$

$$70$$
$$60$$
$$40$$
$$..$$

On voit par cette opération que $\frac{7}{8}$ sont égaux à 0,875 millièmes.

TABLE

Des réductions et comparaisons de la Livre (poids) en Kilogrammes.

LIVRES.	KILOGRAMMES.
1 fait.	0,4895
2.	0,9790
3.	1,4685
4.	1,9580
5.	2,4475
6.	2,9370
7.	3,4265
8.	3,9160
9.	4,4055

TABLES DES RÉDUCTIONS

DES BOISSEAUX EN DÉCALITRES, ET DES PINTES EN LITRES.

BOISSEAUX.	DÉCALITRES.	PINTES (de Paris).	LITRES.
1 fait.	1,2683	1 fait.	0,95121
2.	2,5366	2.	1.90242
3.	3,8049	3.	2,85363
4.	5,0732	4.	3,80484
5.	6,3415	5.	4,75605
6.	7,6098	6.	5,70726
7.	8,8781	7.	6,65847
8.	10,1464	8.	7,60968
9.	11,4147	9.	8,56089

TABLES DES RÉDUCTIONS

DES AUNES EN MÈTRES, ET DES TOISES EN MÈTRES.

AUNES.	MÈTRES.	TOISES.	MÈTRES.
1 fait.	1,1881	1 fait.	1,9490
2..	2,3762	2..	3,8980
3..	3,5643	3..	5,8470
4..	4,7524	4..	7,7960
5..	5,9405	5..	9,7450
6..	7,1286	6..	11,6940
7..	8,3167	7..	13,6430
8..	6,5048	8..	15,5920
9..	10,6929	9..	17,5410

MANIÈRE

De dresser et d'écrire correctement des Promesses, Quittances, Lettres et Mémoires.

Promesse.

Je soussigné *N.* reconnais et promets de payer à monsieur *N.*, dans deux mois, la somme de
Et ce, pour pareille somme qu'il m'a prêtée dans mon besoin. Fait à Paris, ce

Autre promesse.

Je reconnais avoir en mes mains la somme de appartenant à madame *N.*, qu'elle m'a prié de lui garder, en reconnaissance de quoi, et pour sa sûreté, je lui ai donné la présente, laquelle me rapportant, je lui rendrai ladite somme. Fait à   le

Billet ou simple promesse.

Je soussigné promets payer le
prochain, à monsieur *N.* la somme de cent francs, qu'il m'a prêtée en mon besoin. A
ce

Promesse solidaire.

Nous soussignés promettons payer solidairement à monsieur *N.*, le 15 avril prochain, six cents francs qu'il nous a prêtés dans nos besoins. A   le

Promesse où la femme s'oblige avec son mari.

Nous soussignés Joseph Courteil et Anne Sandier, que j'autorise à l'effet des présentes, promettons payer solidairement à monsieur Saffin, le premier février 1814, la somme de trois cents francs, qu'il nous à prêtée dans nos besoins. Fait à Paris, ce

                  J. Courteil, A. Sandier.

Promesse pour reste de somme due.

Je reconnais devoir à monsieur *N.* la somme de cent trente francs, restante de celle de trois cent quarante francs, qu'il m'avait prêtée en mes besoins, laquelle somme de cent trente francs je promets de lui payer dans l'espace de six mois. Fait à   ce

Reconnaissance portant promesse de passer contrat de constitution d'une somme empruntée.

Je reconnais que monsieur *N.* m'a présentement prêté la somme de dix-huit cents francs pour employer à mes affaires, de laquelle somme de dix-huit cents francs je lui promets passer contrat de constitution à sa volonté, et cependant lui en payer l'intérêt légal à compter d'aujourd'hui. Fait à   ce

Quittance d'une somme payée en grain.

Je reconnais avoir reçu de *N.* la somme de cent vingt-cinq francs, de laquelle je suis convenu avec lui pour tous grains, tant blé, orge, avoine, qu'il me doit du reste des années passées ; au moyen de quoi je quitte ledit *N.* pour ledit temps. Fait à Paris, ce

Quittance d'un ouvrier.

Je soussigné *N.* reconnais avoir reçu de *N.* la somme de cent quatre-vingts francs pour avoir travaillé pendant deux mois, à raison de trois francs par jour; de laquelle somme je me tiens content pour mondit travail, et quitte ledit *N.* jusqu'à ce jour. Fait à Paris, le

Autre quittance pour les arrérages d'une rente.

Je soussigné *N.* reconnais avoir reçu de monsieur *N.* la somme de   pour une année d'arrérages de la rente de   qu'il me doit, échue au   du mois de   dernier, de laquelle somme je quitte ledit *N.* Fait à Paris, ce

Quittance donnée par une femme en l'absence de son mari.

Je soussignée *N.*, femme de   de lui autorisée, reconnais avoir reçu du sieur *N.* la somme de   à compte de ce qu'il doit à mon mari par sa promesse ou obligation du
de laquelle somme je promets audit *N.* lui tenir ou faire tenir compte, sur et en déduction de ladite somme de   au moyen de quoi je lui ai donné la présente. Fait à Paris, ce

Quittance pour loyer de maison.

Je reconnais avoir reçu de monsieur *N.* la somme de   pour une année de loyer de la boutique (ou appartement) qu'il tient de moi, échue au terme de Pâques (ou de la Saint-Jean ou de Noël dernier), de laquelle somme je le quitte. Fait à Paris, ce

Quittance de maçon.

Je soussigné reconnais avoir reçu de monsieur *N.* la somme de   pour tous les ouvrages de maçonnerie que j'ai faits en sa maison, sise à Paris, rue de Sèvres, et pour avoir fourni les matériaux, plâtre, et autres choses servant à la maçonnerie, le tout suivant la convention et accord ci-devant transcrits, de laquelle somme je me trouve content et en quitte mondit sieur. Fait à Paris, ce

Lettre d'avis à un marchand.

M.

Je vous donne avis que je fais partir aujourd'hui, suivant votre ordre, un ballot à votre adresse, marqué *P. T.*, par le nommé *N.*, voiturier, de cette ville, dans lequel vous trouverez ce qui suit :

Douze pièces de ruban rouge, N°
à quatre francs la pièce, montent à. . . 48 f.
Douze pièces de ruban blanc, à trois fr. la
pièce, montent à. 36
Douze pièces de padoue ou floret, à 1 fr.
50 cent la pièce, montent à. 18
Cent livres de noix de galle commune, à
50 cent. la livre, montent à. 50

                                Total. . . 152

De laquelle somme j'ai tiré lettre de change sur vous, à huit jours de vue, à laquelle je vous prie de faire honneur, étant

       M.   Votre très-humble
                                     serviteur,
                                         N.

Lettre de voiture.

M.

A la garde de Dieu et conduite de voiturier par terre, demeurant à   je vous envoie un ballot contenant six pièces de toile, quatre pièces de siamoise et deux cents livres de laine, marqué P. T, le tout pesant   lequel ayant reçu bien conditionné, vous lui paierez sa voiture à raison de six francs du cent pesant, et suis,

M.

A M.   Votre très-humble

M.   Marchand,   serviteur,

demeurant à   J.

Lettre de change.

Paris, le 24 janvier 1824.   Pour 152 fr.

A huit jours de vue, il vous plaira de payer à monsieur *N.*, marchand à   ou à son ordre, la somme de cent cinquante-deux francs, valeur reçue de monsieur *N.*, que je vous passerai en compte, suivant l'avis de

Votre très-humble

A M.   serviteur,

M.   N.

Lettre de change à échéance fixe.

A Orléans, 26 février 1814.   Pour 320 fr.

M.

Au trente mars prochain, il vous plaira payer, par cette première de change, à l'ordre de M. Desbois, la somme de trois cent vingt francs, valeur reçue de M. Virtre, et que vous passerez suivant l'avis de

Votre très-humble serviteur,

L.

Autre manière de faire une seconde lettre de change,
la première étant perdue.

A Orléans, le   Pour 320 fr.

A huit jours de vue, il vous plaira payer, par cette seconde de change, la première ne l'étant pas, à l'ordre de M. Desbois, la somme de trois cent vingt fr.. valeur reçue de M. Virtre, et que vous passerez suivant l'avis de votre serviteur.

L.

Billet à ordre.

Au trente   prochain, je paierai à M. Barthélemi, ou à son ordre, la somme de cent trente fr., valeur reçue en marchandises. Paris, ce

B. P. 130 fr.   V.

Autre billet à ordre.

Au vingt   prochain fixe, je paierai à M. Bonnaventure, ou à son ordre, la somme de deux cent quatre-vingt-six f., valeur reçue comptant dudit. Paris, ce

B. P. 286.   D.

MANIÈRE DE DRESSER UN MÉMOIRE.

Mémoire de serrurerie.

Du 15   fait et fourni par Le Dru, maître serrurier à Paris, à M^r. Rousseau, négociant, en sa maison rue du Mont-Blanc.

SAVOIR :

	fr.	c.
Quatre bonnes serrures, garnies de leurs clefs, et posées en place	36 fr.	c.
Six balcons de quatre pieds, à 30 francs chaque.	180	
Six espagnolettes de 8 pieds de haut, à 1 fr. 10 cent. le pied, posées en place.	52	80
Quatre croissans pour l'appartement de Monsieur	6	
Quatre cents pesans de fer à 19 fr. le cent.	76	
Une serrure à bascule, pour le buffet. .	20	
Huit équerres et huit fiches pour *idem*..	16	
Six petites serrures communes, à 2 f. 25 c.	13	50
Un heurtoir poli pour la porte-cochère.	14	
Une forte bascule garnie d'une bonne serrure, avec deux clefs et six sortes de fiches pour ladite porte-cochère . .	48	
Avoir posé six sonnettes, tant dans l'appartement de Monsieur que dans celui de Madame, et dans la salle à manger, avoir fourni les ressorts et lesdites sonnettes à raison de 3 francs chacune, pour ce..	18	
Total . . .	480 f.	30 c.

Reçu le montant du premier mémoire ci-dessus, et pour soldé de compte. A Paris, ce 31 déc. 1813. LE DRU.

Manière de dresser un mémoire de tailleur.

Livré à M. Contant, maître en fait d'armes, par le sieur Henry, maître tailleur d'habits, à Paris, y demeurant, rue Saint-Denis.

	fr.	cent.
Quatre mètres et demi de drap de pagnon bleu, pour habit, veste et culotte, à raison de 23 francs le mètre..	103	50
Dix mètres de raz de Saint-Cyr, à 5 fr. 50 centimes le mètre..........	55	
Cinq douzaines de boutons à 4 francs..	20	
Quatre douzaines de petits boutons, à 2 fr..........	8	
Pour les poches de l'habit et veste.....	3	
Deux mètres de toile de droguet de soie, à 11 fr............	22	
Cinq mètres de toile de coton très-fine pour les défauts, et doubler ladite veste, à 3 francs 50 centimes.....	17	50
Un mètre et demi de velours cramoisi pour une culotte, à 26 francs.....	39	
Un mètre de futaine pour doubler ladite culotte............	4	50
Pour façon de l'habit, des deux vestes et deux culottes............	30	
Total.....	302	50

Reçu le présent mémoire de la somme de trois cent deux francs cinquante centimes, du sieur Contant, pour solde. Paris, ce

Henry.

Mémoire des ouvrages de menuiserie faits et fournis à M. N., par N., maître menuisier à Nantes, depuis le   jusqu'à ce jour.

SAVOIR :

	fr.	c.
Pour une table en bois de chêne, avec son tiroir pour la cuisine.	8	60
Pour quatre tablettes de sapin posées à la cuisine, chacune de 8 pieds de longueur sur 16 pouces de largeur, faisant 42 pieds 96 pouces d'ouvrage, à 16 fr. la toise.	18	95
Pour deux tables de nuit, de bois de noyer, à 12 francs.	24	
Pour deux croisées de la salle à manger à 22 francs.	44	
Pour une porte à placard, avec chambranle, etc., le tout en chêne. . . .	25	50
Pour avoir raccommodé le plancher du grenier.	6	60
Pour avoir raccommodé deux bancs du jardin.	2	50
Pour le lambris que j'ai fait et fourni en sapin pour le cabinet de M., lequel a 8 pieds 9 pouces de haut sur 26 pieds 10 pouces de contour, ce qui fait 7 toises carrées, et 7 pieds 6 pouces, à 18 francs la toise.	129	50
Pour une table de sapin avec un pied pliant.	8	60
Total.	268	25

Je reconnais avoir reçu le montant du présent mémoire pour solde de compte jusqu'à ce jour. Paris, ce

FIN DE L'ARITHMÉTIQUE.

PRÉCIS HISTORIQUE.

SUR LE SYSTÈME MÉTRIQUE.

Les législateurs, après avoir proclamé l'uniformité des lois, ordonnèrent celle des poids et mesures, et chargèrent plusieurs savans de cette importante opération. La science, pour la première fois peut-être, s'associant aux grands intérêts du gouvernement, se justifia des plaintes trop souvent méritées de quelques philosophes, et répondit au vœu du législateur*. Voulant répondre à l'opinion que l'on avait de leurs lumières, et préjugeant d'ailleurs que de l'invariabilité de la base qu'on leur donnerait résulterait un jour leur adoption par les nations étrangères, ils préférèrent retarder pour un moment le bienfait de l'uniformité des mesures, et trouver les moyens de déterminer une *base* fixe, invariable, indépendante de l'opinion, et

---

* Douter des avantages de l'uniformité des poids et mesures, c'est nier l'utilité qu'en peuvent retirer la politique et le commerce. Quoi de plus absurde en effet que le spectacle d'une nation dont les différentes divisions de territoire semblent étrangères les unes aux autres par leur manière de compter, d'évaluer les poids, de mesurer leur terrain ou leur héritage ? Charlemagne, législateur éclairé et profond, avait ordonné l'uniformité des poids et mesures dans ses vastes domaines ; mais le gouvernement féodal, qui lui succéda, en divisant l'État, et faisant triompher l'intérêt particulier de l'intérêt public, y substitua cette disparité révoltante que la révolution a fait cesser.

facile à retrouver, quels que soient les événemens et les révolutions.

Ce fut dans la nature même que l'on alla chercher cette base.

Le *méridien de la terre* *, ligne astronomique qui sert à connaître la distance du pôle boréal à l'équateur, en usage en géographie pour déterminer les degrés de longitude, parut une base invariable, puisqu'elle n'avait pas l'inconvénient de l'influence des climats sur les matières physiques, tels que l'eau distillée et les vibrations du pendule.

Cette idée grande et sublime de faire servir la nature aux conventions usuelles des hommes prévalut et fut saisie avec enthousiasme.

Dunkerque, ville maritime, située au nord de la France, et *Barcelonne*, sur la frontière, en Espagne, dont ils firent le voyage, furent choisies pour les opérations qui servirent de nouveau à mesurer le méridien de Paris. Malgré la paix et la tranquillité dont doit jouir le savant pour se livrer à des recherches aussi épineuses, et souvent délicates, ce fut au milieu des camps, des combats, des cris de victoires et de défaites, en présence de deux armées ennemies, à Barcelonne, sur le territoire même de l'ennemi, que l'on vit des savans poursuivre des études qui devaient un jour contribuer au bonheur des Français.

Après avoir déterminé les degrés du *quart du méridien* par des expériences fines et délicates, on trouva la base fondamentale de tout le *système mé-*

---

* On n'en prit que le *quart*.

trique en prenant sa dix-millionième* partie, laquelle fut nommée *mètre*, et servit pour l'unité des mesures linéaires. Sans s'embarrasser de ses rapports avec les poids et mesures alors en vigueur, on chercha seulement à l'évaluer, prise elle-même isolément, et à faire servir le *mètre* comme base fondamentale pour déterminer toutes les autres mesures et les poids.

Pour l'*unité* des mesures *agraires*, on prit un carré ayant pour côté 10 *mètres*, qu'on appela ARE; pour celle des mesures de *capacité*, un cube ayant pour côté la $\frac{1}{100}$ partie du *mètre*, que l'on appela LITRE. La $\frac{1}{100}$ partie d'un *mètre* d'eau distillée à la température de la glace fondante servit à former le GRAMME, unité fondamentale des *poids*; et pour celle des mesures de *solidité*, un cube ayant pour côté le *mètre*, que l'on appela STÈRE.

Un autre avantage non moins précieux, et dont dépendait son admission, fut de donner au nouveau système une nomenclature simple et facile à retenir. La langue française ne fournissant pas des monosyllabes assez courts, et par conséquent faciles à garder dans la mémoire, on emprunta de la langue grecque des noms simples et significatifs par eux-mêmes, dont la dénomination servit à évaluer, par leur seule signification, la valeur donnée à l'objet. Ainsi ces différens noms placés à la tête des mots *mètre, are, litre, gramme***, en désignent tout de suite la valeur, et ont l'avantage inappréciable, en s'amalgamant pour ainsi dire avec les nouveaux noms des poids et

---

* Equivalant à 3 pieds 11 lignes et 296 millièmes de ligne.

** Il n'y a réellement que ces 4 mesures, le *stère* étant une mesure propre seulement aux bois de chauffage, et n'ayant que le *décistère* pour fraction.

mesures, de n'en former qu'un seul mot facile à retenir, et de servir à tout le système, puisqu'ils sont adaptés à tous les noms qui le composent.

Après avoir déterminé les monosyllabes primitifs* qui augmentaient ou diminuaient la valeur devant laquelle ils se trouvaient, on partagea toutes les *mesures* en six classes, savoir :

De longueur, pour les mesures itinéraires et linéaires.

De surface, pour les terrains.

De capacité, pour les matières sèches et liquides.

De pesanteur, pour les poids.

De solidité, pour les bois de chauffage.

De valeur, pour les monnaies.

Mais, pour le rendre complet et le simplifier à l'infini, on substitua le calcul décimal à l'ancienne manière de compter.

Tout le système des nouvelles mesures repose sur les deux bases suivantes :

1° *L'unité fondamentale* (le prototype) *est la distance du pôle boréal à l'équateur.*

2° *Le nombre* 10 *est le diviseur unique.*

Tout est ôté à l'arbitraire, toutes les mesures se formant les unes des autres, ayant un rapport fixe et réel, entre elles, et n'existant pour ainsi dire que parce que d'autres leur ont donné naissance.

---

* Tels que myria.... 10,000, kilo.... 1000, hecto.... 100, déca.... 10, déci.... $\frac{1}{10}$, centi.... $\frac{1}{100}$, milli.... $\frac{1}{1000}$.

Une base fondamentale prise dans la nature; d'après cette base naturelle, la base qui en est formée devenant à son tour la base commune de toutes les mesures nécessaires aux usages de l'homme dans tous ses rapports avec ses semblables, soit par elle-même, soit par ses valeurs croissantes et décroissantes, qui ne sont qu'une émanation d'elle-même, dont la division décimale est en quelque sorte le ciment.

VOCABULAIRE.

A.

ARE (*masc.*), surface, superficie, du latin *area*, surface, ou *arare*, labourer (*décamètre carré*), unité des mesures de l'ÉTAT, pour les évaluations des superficies des terrains, propre aux terrains précieux et à déterminer les parties de l'HECTARE. *Un are de terre en potager. Un hectare trois ares de vignes, prés,* etc.

C.

CENTI (*fraction décimale*), diminutif de cent, nom numérique qui signifie la centième partie d'une chose.

CENTIARE (*masc.*), fraction décimale de l'*are* et sa centième partie, composée de *centi* et de *are* (*mètre carré*), propre aux plus petites évaluations des terrains. *Parterre de cinq ares huit centiares.*

CENTIGRAMME (*masc.*), fraction décimale du *gramme*, et sa centième partie, composée de *centi* et de *gramme*, propre au titre de l'argent, poids pour la vente de certaines drogues en pharmacie, et les pesées précieuses de l'or et de l'argent. *Un centigramme d'argent, d'or; pièce d'argent au titre de soixante-quinze centigrammes. Un centigr. d'émétique,* etc.

CENTILITRE (*masc.*), fraction décimale du *litre*, et sa centième partie, composée de *centi* et de *litre*, sert à évaluer avec précision les capacités de l'HECTOLITRE et du DÉCALITRE, et à leur jaugeage, est propre seulement au commerce en détail des liquides.

CENTIME (*masc.*), fraction décimale du *franc*, et sa centième partie. *Un franc soixante-quinze centimes.*

CENTIMÈTRE (*masc.*), fraction décimale du *mètre*, et sa centième partie, composée de *centi* et de *mètre*, propre aux petites mesures. *Taille d'un mètre soixante-seize centimètres; planche d'un centimètre d'épaisseur.*

D.

DÉCA (*décimale ascendante*), du grec *déca*, en latin *decem*, nom multiple qui signifie dix fois une chose, d'où l'on avait formé les mots *décade*, période de dix jours, *décadi*, le dixième jour de la décade.

DÉCAGRAMME (*masc.*), décimale ascendante du *gramme*, composée de *déca* et de *gramme*, poids propre aux pesées de peu de valeur pour toute sorte de commerce. *Un décagramme d'argent, de cuivre, de plomb*, etc.

DÉCALITRE (*masc.*), décimale ascendante du *litre*, composé de *déca* et de *litre*, propre au commerce des matières sèches et liquides. *Un décalitre de vin, d'huile, de vinaigre, de sel, de charbon*, etc.

DÉCAMÈTRE (*masc.*), décimale ascendante du *mètre*, composée de *déca* et de *mètre* (*racine carrée de l'are*), propre aux mesures de longueur. *Planche d'un décamètre de long; maison d'un décamètre de surface.*

DÉCI (*fraction décimale*), diminutif de dix, nom numérique qui signifie la dixième partie d'une chose.

Décigramme (*masc.*), fraction décimale du *gramme*, et sa dixième partie, composée de *déci* et de *gramme*, propre aux pesées précieuses pour les matières d'or et d'argent, et la pharmacie. *Un décigramme d'or, d'argent, de rhubarbe,* etc.

Décilitre (*masc.*), fraction décimale du *litre*, et sa dixième partie, composée de *déci* et de *litre*, propre au détail pour le commerce d'huile, de vin, de vinaigre. *Un décilitre de vin, de bière, d'huile,* etc.

Décime (*masc.*), fraction décimale du *franc* (monnaie), et sa dixième partie. *Un franc cinq décimes.*

Décimètre (*masc.*), fraction décimale du *mètre*, et sa dixième partie, composée de *déci* et de *mètre*, (*racine cubique du* litre), propre aux fractions du mètre pour évaluer les longueurs. *Un bois d'un décimètre cube. Trois mètres cinq décimètres de haut.*

Décistère (*masc.*), fraction décimale du *stère*, et sa dixième partie, composée de *déci* et de *stère*, mesure propre pour les fagots, et son double pour les falourdes.

F.

Franc (*masc.*), unité des monnaies de l'ÉTAT. Le *franc* d'argent est du poids de cinq *grammes*, d'un $\frac{1}{10}$ d'alliage. *Un franc trois centimes,* etc.

G.

Gramme (*masc.*), poids, de *gramma*, poids grec, appelé *scrupule* par les Romains (*poids d'un centimètre cubique d'eau distillée à la température de la glace*). Unité des poids de l'ÉTAT, propre aux petites pesées pour les matières d'or et d'argent, cuivre, etc., et à la pharmacie. *Un gramme d'or fin,* etc. *Un gramme de rhubarbe, de séné,* etc.

H.

HECTO (*décimale ascendante*), du grec *hekaton, centum,* cent *, par syncope, *hekto, cent;* nom multiple qui signifie cent fois une chose.

HECTARE (*masc.*), décimale ascendante de l'*are,* composée de *hecto* et de *are,* par syncope *hectare* (*hectomètre carré*), mesure propre à évaluer les superficies des terrains. *Un hectare de terre labourable. Cinq hectares en prés, en vignes,* etc.

HECTOGRAMME (*masc.*), décimale ascendante du *gramme,* composée de *hecto* et de *gramme,* poids propre aux pesées pour toute sorte de commerce. *Hectogramme de fer, d'or, de plomb, d'huile, potasse, soude, farine,* etc.

HECTOLITRE (*masc.*), décimale ascendante du *litre,* composée de *hecto* et de *litre,* mesure propre aux grandes capacités pour les matières sèches et liquides. *Un hectolitre de vin, de bière, d'eau-de-vie, de froment, de farine,* etc.

HECTOMÈTRE (*masc.*), décimale ascendante du *mètre,* composée de *hecto* et de *mètre* (*racine carrée* de l'HECTARE), mesure propre aux grandes évaluations de longueur. *Place publique d'un hectomètre carré; rue d'un hectomètre de long; monument d'un hectomètre de haut; montagne d'un hectomètre cube,* etc.

---

* D'où vient hécatombe, sacrifice de cent bœufs.

K.

KILO (*décimale ascendante*), du grec, *chilioi*, *mille*, nom multiple qui signifie mille fois une chose.

KILOGRAMME (*masc.*), décimale ascendante du *gramme*, composée de *kilo* et de *gramme* (poids d'un *décimètre cubique d'eau*), poids propre aux pesées pour tout genre de commerce. *Kilogramme de fer, de plomb, de cuivre, d'acier, de farine,* etc.

KILOLITRE (*masc.*), décimale ascendante du *litre,* composée de *kilo* et de *litre* (*mètre cube*), mesure propre aux matières sèches seulement, et mesure de compte pour les liquides. *Un kilolitre de farine, de seigle,* etc. *Vaisseau du port de 25 kilolitres.*

KILOMÈTRE (*masc.*), décimale ascendante du *mètre,* composée de *kilo* et de *mètre.* Mesure itinéraire pour les petites distances et les bornes sur les routes, propre à évaluer les distances des cantons et des communes, ou la superficie du terrain d'une commune, d'un canton.

L.

LITRE (*masc.*), du grec, *litra, mensura, mesure,* chez les anciens servait pour les liquides (*décimètre cube*), unité des mesures de l'ÉTAT, pour les grains et les liquides, propre au commerce en détail. *Un litre de vin, de bière, de farine,* etc.

M.

MÈTRE (*masc.*) *mesure*, du grec *metron*, *mensura*, *mesure* * (prototype, 10000000ᵉ partie du quart du méridien de la terre), *unité fondamentale* des mesures et poids de l'ÉTAT ; *unité* des mesures de longueur, ou linéaires, propre à tout ce qui est susceptible d'être mesuré dans la nature. *Un mètre de haut, cube, carré.*

MILLI (*fraction décimale*), diminutif de *mille*, nom numérique qui signifie la 1000ᵉ partie d'une chose**.

Il ne sert que pour les mesures de longueur et les poids, comme *millimètre*, *milligramme*.

MILLIGRAMME (*masc.*), fraction décimale du gramme, et sa 1000ᵉ partie, composée de *milli* et de *gramme* (*poids d'un millimètre cubique d'eau*), sert au titre de l'or et de l'argent, et à la pharmacie. *Or, au titre de trente milligrammes ; dix milligrammes d'émétique.*

MILLIMÈTRE (*masc.*), fraction décimale du *mètre*, et sa 1000ᵉ partie, composée de *milli* et de *mètre*, propre aux plus petites évaluations de longueur.

MYRIA (*décimale ascendante*), du grec *myrioi*, *decem mille*, *dix mille*, non multiplé qui signifie 10000 fois une chose.

MYRIAGRAMME (*masc.*), décimale ascendante du gramme, composée de *myria* et de *gramme*, poids

---

* D'où viennent baromètre, thermomètre, graphomètre, etc.
** On a négligé les fractions plus petites que les *mille*, comme n'étant pas nécessaires pour le civil et le commerce.

propre aux grosses pesées pour tout genre de commerce. *Un myriagramme de fer, de plomb, de cuivre, d'acier, etc. Ballot du poids de dix myriagrammes.*

Myriamètre (*masc.*), décimale ascendante du mètre, composée de *myria* et de *mètre* (1000e partie du quart du méridien de la terre), distance itinéraire géographique et maritime *.

Stère (*masc.*), solide, du grec *stereos, solidus, solide* (*mètre cube*), mesure de l'ÉTAT pour le commerce des bois de chauffage. *Un stère de bois neuf, de gravier, etc.*

---

* Le *myriamètre* sert à évaluer les grandes distances, et le *kilomètre* les petites.

Le degré géographique est divisé en 10 *myriamètres*; le quart de cercle se divise en 100 degrés, le degré en 100 minutes, la minute en 100 secondes, etc.

Le degré vaut 53
La minute..................... 52,„4
La seconde.................... 0,324
La longueur du degré terrestre.... 100,000 mètres.
La minute terrestre. 1,000
La seconde terrestre............ 10
Le rayon moyen de la terre......... 6,366,198

FIN DU VOCABULAIRE.

MODÈLES DE CORRESPONDANCE.

LETTRE PREMIÈRE.

D'un enfant à ses parens le premier jour de l'an.

CHER PAPA ET CHÈRE MAMAN,

C'est moi-même qui vous écris cette année, je vous présente de mon écriture pour vos étrennes, persuadé que le peu de progrès que j'ai faits vous causera plus de joie que tous les beaux complimens que je pourrais vous répéter ; j'ajouterai seulement que je fais au ciel les vœux les plus ardens pour la conservation de votre santé ; je serai bien sage ; aimez-moi toujours. Je vous embrasse de tout mon cœur, et suis votre tendre et respectueux fils, etc.

LETTRE II.

Pour le jour de l'an.

CHER PAPA ET CHÈRE MAMAN,

J'aime ces jours où je répète ce que je vous ai dit cent fois, et ce que je pense toute l'année : ce n'est pas un devoir que je remplis, c'est un plaisir que je goûte. Oui, mes chers parens, je vous aime de tout mon cœur, et le vœu le plus ardent que je forme est pour votre bonheur. Je n'ose m'applaudir de ma conduite pendant toute l'année qui vient de s'écouler ; peut-être n'ai-je pas aussi bien fait que je le désirais ; mais je vous prie de croire que les meilleures résolutions sont dans mon cœur pour l'avenir. Si vous pouviez m'écrire que vous n'êtes pas tout-à-fait mécontens de moi, ce serait là de belles étrennes : je les attends avec impatience, et je tremble de n'en être pas digne à vos yeux.

LETTRE III.

A un Protecteur, le jour de l'an.

Le Créateur, en laissant fuir le temps et ramenant une nouvelle année, me rappelle naturellement à celui qui est ici-bas pour moi une image visible de sa bienveillance, et m'offre enfin l'occasion d'exprimer hautement les vœux que j'ai formés chaque jour dans le secret de mon cœur. Je n'ai en effet que mes vœux pour m'acquitter de tous les bienfaits dont vous m'avez comblé jusqu'à ce jour, et leur sincérité égale la générosité de votre âme; mais ce ne sont que des vœux, et votre bienfaisance est sans cesse active. Cette réflexion que je fais continuellement m'apprend assez combien je suis encore loin de mériter tout ce que vous faites pour moi. Croyez au moins que, si ma reconnaissance doit toujours rester stérile pour vous, rien ne pourra jamais l'affaiblir, et qu'elle n'aura d'autres bornes que celles de ma vie.

Je suis, avec un profond respect,

Votre véritable serviteur, etc.

LETTRE IV.

D'un Fils à sa Mère en apprenant que son Père est malade.

Ma chère maman,

Que la lettre que vous venez de m'écrire m'a causé de douleur et me donne d'inquiétude! quoi! mon cher papa est malade en ce moment! Votre cœur sensible vous apprend certainement tout ce que souffre votre fils. Je ne pourrai jouir d'une minute de repos jusqu'à ce que je reçoive une meilleure nouvelle. Oh! je vous en prie de tout mon cœur, écrivez-moi aussitôt qu'il vous sera possible; je voudrais savoir à chaque instant ce qui se passe. Encore si j'étais près de vous! je ne vous serais peut-être pas très-utile, mais au moins je partagerais vos peines, je vous consolerais, ou nous pleurerions ensemble. Ah! si le ciel écoute les vœux des enfans qui aiment et respectent leurs parens, il rendra bientôt la santé à mon pauvre papa, et à toute sa famille la joie qu'elle fera naître. Par pitié pour votre fils, une lettre bien vite; et puisse-t-elle m'apprendre que le meilleur des pères est rendu à tous ceux qui le chérissent et l'adorent!

LETTRE V.

Du même à sa Mère sur la convalescence de son Père.

Enfin je respire! Je reçois votre lettre, ma chère maman, et je bénis le ciel du bonheur qu'il nous accorde en rendant la santé au père le plus chéri. L'inquiétude a fui loin de moi, et la joie me suit partout; j'étudie mieux et je joue avec plus de plaisir. Oh! que ne le puis-je embrasser mille et mille fois, ce cher papa! Je vous charge de ce soin, ma bonne et sensible maman. Quand j'aurai le bonheur de vous voir, je vous rendrai avec usure tous les baisers que vous aurez donnés pour moi. Vous voyez que j'aime à payer mes dettes. Pourrai-je ne pas m'en acquitter envers la plus tendre et la meilleure des mères, moi le plus heureux et le plus chéri des enfans ?

LETTRE VI.

De reconnaissance envers un Bienfaiteur.

Monsieur,

Dès les premiers instans où je vous vis, j'ambitionnai d'être au nombre de vos amis; les qualités que je remarquai depuis en vous m'ont fait voir que mon ambition était des plus raisonnables; la sincérité seule, et non l'adulation, m'a dicté ce que je viens de dire; et si je ne craignais de blesser votre modestie, je vous louerais bien moins brièvement que je ne fais; mais, puisque vous êtes si délicat sur cet article, je tiens dans mon cœur des sentimens que ma bouche avait tant envie de vous exprimer. Comme on est plus sûr de vous plaire en vous demandant qu'en vous louant, souffrez que je vous demande la continuation de cette bienveillance dont vous m'avez honoré jusqu'à ce jour : je m'efforcerai de mon côté de la mériter par tout ce que l'attachement et la reconnaissance peuvent inspirer. C'est dans ces sentimens que j'ai l'honneur d'être, etc.

TABLE DE MULTIPLICATION

PORTÉE JUSQU'AU NOMBRE DOUZE.

2	fois	2	font	4		5	fois	9	font	45
2	fois	3	font	6		5	fois	10	font	50
2	fois	4	font	8		5	fois	11	font	55
2	fois	5	font	10		5	fois	12	font	60
2	fois	6	font	12						
2	fois	7	font	14		6	fois	6	font	36
2	fois	8	font	16		6	fois	7	font	42
2	fois	9	font	18		6	fois	8	font	48
2	fois	10	font	20		6	fois	9	font	54
2	fois	11	font	22		6	fois	10	font	60
2	fois	12	font	24		6	fois	11	font	66
						6	fois	12	font	72
3	fois	3	font	9						
3	fois	4	font	12		7	fois	7	font	49
3	fois	5	font	15		7	fois	8	font	56
3	fois	6	font	18		7	fois	9	font	63
3	fois	7	font	21		7	fois	10	font	70
3	fois	8	font	24		7	fois	11	font	77
3	fois	9	font	27		7	fois	12	font	84
3	fois	10	font	30						
3	fois	11	font	33		8	fois	8	font	64
3	fois	12	font	36		8	fois	9	font	72
						8	fois	10	font	80
4	fois	4	font	16		8	fois	11	font	88
4	fois	5	font	20		8	fois	12	font	96
4	fois	6	font	24						
4	fois	7	font	28		9	fois	9	font	81
4	fois	8	font	32		9	fois	10	font	90
4	fois	9	font	36		9	fois	11	font	99
4	fois	10	font	40		9	fois	12	font	108
4	fois	11	font	44						
4	fois	12	font	48		10	fois	10	font	100
						10	fois	11	font	110
5	fois	5	font	25		10	fois	12	font	120
5	fois	6	font	30						
5	fois	7	font	35		11	fois	11	font	121
						11	fois	12	font	132
5	fois	8	font	40		12	fois	12	font	144

IMPRIMERIE DE FÉLIX MALTESTE ET Cie
SUCCESSEURS DE CARPENTIER-MÉRICOURT,
Rue Traînée, n. 15 et 17, près Saint-Eustache.

www.ingramcontent.com/pod-product-compliance
Lightning Source LLC
Chambersburg PA
CBHW061242060726
47596CB00002B/400